畜牧养殖实用技术问答丛书

ROUNIU YANGZHI SHIYONG
JISHU WENDA

肉牛养殖实用技术问答

农业农村部畜牧兽医局
全国畜牧总站　组编

中国农业出版社
北 京

本书编委会

主　任　王宗礼　孔　亮　贠旭江

委　员　李蕾蕾　田　莉　周振明　孟庆翔

本书编写人员

主　编　周振明　孔　亮　贠旭江　李蕾蕾
副主编　孟庆翔　田　莉　毕颖慧　宋　真
编　者（按姓氏笔画排序）

王玉斌　孔　亮　田　莉　宁婷婷
毕颖慧　孙秀柱　贠旭江　李　昕
李　靖　李佳瑞　李蕾蕾　吴　浩
吴曰程　宋　真　张元庆　张筱涵
陆　健　周希梅　周振明　孟　欣
孟庆翔　荣光辉　柳珍英　柴沙驼
郭　杰　韩　旭　魏曼琳

　　随着人民生活水平的提高，人们对肉类的消费也在悄然变化，牛肉的消费需求逐年攀升。目前，我国肉牛存栏量和牛肉产量居世界第三位，牛肉的进口量居世界第一位。肉牛产业在促进农业结构调整、精准扶贫和乡村产业振兴等方面，正在发挥越来越重要的作用。与世界肉牛产业发达国家相比，我国肉牛产业仍处于初级发展阶段，其规模化、商品化和标准化生产程度较低，饲养管理粗放、科技含量不高等问题制约着肉牛业生产水平和经济效益的进一步提高。

　　北方农牧交错带的典型区域不仅是我国北方牧区与农区之间重要的生态屏障，也是我国肉牛的重要生产区和牛肉的消费区。为破解当前肉牛养殖技术困境，提高农牧民养殖效益，促进肉牛产业发展，农业农村部畜牧兽医局组织实施了"农牧交错带牛羊牧繁农育关键技术集成示范"项目，依托全国畜牧总站、中国农业大学、中国农业科学院北京畜牧兽医研究所等单位，以及区域性高校和科研推广机构，选择农牧交错带的典型区域建设示范企业（基地）或合作社共同开展技术集成试验示范。项目承担单位发挥专业优势，在肉牛产业技术推广和示范的过程中，总结和梳理关键实用技术，编写了《肉牛养殖实用技术问答》一书，用于肉牛产业技术的实用化，解决产业技术应用最后一公里的问题。

　　本书共包括综合管理篇、牛舍设施及环境篇、放牧管理篇、繁殖管理篇、营养管理篇、健康管理篇、繁殖母牛和犊牛管理篇、育肥牛管理篇、经济效益篇九部分内容。全书以问答的形式，从实用角度出发，全面系统地介绍了肉牛养殖的生产实践与关键技术，适合肉牛养殖场（户）及相关技术人员参考使用。

本书在编写过程中得到了行业专家同仁的大力帮助，在此表示由衷的感谢。由于时间仓促并限于编者水平，书中难免存在不妥和疏漏之处，敬请广大读者批评指正。

编 者

2021年4月于北京

Contents 目录

一、综合管理篇

农牧交错带包括哪些地区？

农牧交错带指我国东部农耕区与西部草原牧区相连接的半干旱生态过渡带，是农业生产边际地带。农牧交错带横跨东北、华北、西北沿线的8个省（自治区），是半湿润地区与半干旱地区的气候交汇带，是区别于农区和牧区的另一类重要的农业空间，总面积约69万千米^2。我国农牧交错带北起大兴安岭西麓的呼伦贝尔，向西南延伸，经内蒙古东部、河北北部、山西北部直到鄂尔多斯和陕西北部。

 什么是牧繁农育？

牧繁农育包含牧繁和农育两个层面，即牧区繁育、农区育肥。将牧区牛羊等繁殖家畜、架子畜在需草量特别大的季节于牧区饲养以繁殖犊牛和羔羊，而在牧区草场枯黄季节，再将架子畜转移至农区育肥，以减轻牧区冬春季草场压力，缓解牧区枯草季节畜草矛盾，并提高育肥牛羊的增重性能和养殖效益。通过牧繁农育实现农区与牧区资源空间互补，可以促进农牧交错带肉牛和肉羊产业及畜牧业经济可持续发展。

 实行牛羊牧繁农育的主要目标是什么？

（1）针对农牧交错带区域非常规饲料资源丰富、营养价值多变的特点，集成现有的多样化饲料加工技术，建立牛羊饲料资源评价和科学利用体系；示范推广饲草料加工技术体系和科学利用成果。

（2）针对牛羊母畜产犊间隔长的产业现状，集成应用牛羊母畜体况评分系统、营养管理等技术，建立母畜繁殖技术标准化操作规程，提高母畜繁殖生产能力；示范推广母畜同期发情与高效产犊（羔）技术。

（3）结合放牧草地牧草资源营养供给状况，科学制定母畜带犊（羔）放牧补饲和幼畜阶段性补饲技术方案，建立并示范推广牛羊标准化操作规程即幼畜培育体系，提高牛羊养殖效益。

（4）充分利用农牧交错带地区饲草料资源优势，在采样分析基础上，建立牛羊饲草料营养成分表和不同生产阶段的典型饲粮配方，实现精准配料和精准管理，示范推广牛羊低成本舍饲快速育肥技术体系，为农牧民增收做贡献。

（5）引导示范基地或合作社围绕牧繁农育关键点开展农牧对接模式试验示范，建立可示范、可推广和可复制的经营模式，促进农牧交错带地区牛羊畜牧业的健康和可持续发展，提高农牧民增收水平。

（6）通过实施肉牛肉羊牧繁农育项目，集成肉牛肉羊养殖生产应用成套技术，保证肉牛肉羊养殖示范企业的综合技术需求；通过试验示范和技术指导，提升肉牛肉羊综合养殖效益15%以上，实现带动肉牛肉羊养殖农牧民增收20%以上，提升牛羊肉的市场供给保障能力和促进农民增产增收。

 4. 肉牛养殖场通常分为哪几类？主要功能有哪些？

（1）繁殖母牛养殖场　专门饲养繁殖母牛的饲养场，尤其适宜草场、林下草地、草山草坡、作物秸秆等粗饲料资源丰富的地区。

（2）架子牛养殖场　涉及公犊、阉牛和非后备青年母牛的饲养，是商业化繁殖母牛养殖环节过渡到育肥环节的重要阶段。对于体型较小的牛来说，架子牛养殖对于其进入育肥之前提高瘦肉和骨骼的生长量尤为重要。

（3）育肥牛养殖场　对异地购买的肉牛经隔离饲养后，再经健胃、驱虫、防疫等一系列措施，应用精饲料、粗饲料和其他饲料科学合理搭配后进行育肥饲养，是专业化育肥牛养殖场地。

5. 农牧交错带地区肉牛养殖有几种主要经营模式？特点如何？

(1)"架子牛培育＋双向托管"模式 是在龙头企业培育架子牛的基础上，引入"双向托管"带动方式的肉牛经营模式。采用以龙头企业牵头，农户参与的双向托管模式，能够实现标准技术的普及，向市场提供优质的架子牛。一方面，农户的肉牛托管给企业后，可以直接并入企业牛群中，在采用标准化养殖技术的条件上，保障出栏架子牛的质量；另一方面，企业将肉牛托管给农户，并组织专业的养殖技术培训，签订养殖合同，不但实现了肉牛技术的扩散，而且充分发挥了农户养殖的异质性，向市场提供了优质的架子牛。

(2)中低质母牛育肥模式 该模式包括外购低价牛和头胎母牛产后育肥两个主要策略，是部分肉牛养殖企业在多年的探索和比较下总结出来的最适合其发展现状、充分利用外部条件、收益最大化的经营模式。选购牛种以价格低廉为主要选择标准，品种限制为部分低价品种及其杂交后代。购入公牛入群饲喂2个月后直接进行育肥，计划通过6个月的育肥期使公牛出栏体重达到商品牛标准（620～650千克）。

(3)"良种带动＋产业一体化"经营模式 本模式是龙头企业根据全产业链的特点以及地区的特点，引入"科技带动发展"的肉牛经营模式。龙头企业因地制宜地发展肉牛繁育基地建设，为促进科技发展，积极组织周边养殖户进行技术培训、推广科学养殖技术；引入社会多元化资金，加大对基地建设的补贴力度，进一步减少养殖户的成本以及解决经营中资金短缺的问题。

(4)"群体大规模＋纵向一体化"肉牛产业经营模式 肉牛养殖规模化程度和纵向一体化程度的提高是推动肉牛产业发展的重要动力。肉牛纵向一体化模式具有实现农民增收、提高企业经济效益、提升畜牧产业发展水平等重要作用。在纵向一体化经营模式下，养殖和深加工两个关键环节可以实现统一管理、协调和调度，从而实现肉牛的稳定供给。

（5）"五位一体"肉牛养殖模式 "五位一体"是指集中政府、龙头企业、合作社、银行和保险公司等方面的力量，开展肉牛养殖的一种模式。在这个模式中，由政府建立肉牛养殖示范点，让贫困村有了经济实体，同时为合作社招录技术、管理、经营等人才；合作社通过龙头企业的托管，解决圈舍标准化程度低、饲草料营养搭配不科学、饲养管理流程不清楚等问题；银行则通过政府成立的扶贫开发投资公司担保贷款，为合作社提供流动资金来购买种牛、饲草料等；保险公司则集中有限资金用于养殖主体，为养殖主体提供肉牛养殖过程的疫病、经营和意外伤害等风险保险。

经营模式案例一：青海省团结村牦牛养殖扶贫模式

青海省泽库县西卜沙乡团结村生态畜牧业专业合作社在牦牛养殖中积累的"股份制改造、资源高度整合、生产结构调整、按劳分配、多元化发展"的经验值得推广。该合作社成立之前，团结村的牦牛养殖采用的是散户放牧方式，存在出栏率低、生产率低、饲草供给不足、养殖效益差等诸多问题。通过技术指导和培训，全村农牧民将合作社的牛羊、放牧场、现金等以股份形式入股，正式成立了泽库县西卜沙乡团结村生态畜牧专业合作社，每个农牧民都成为合作社的股东。如今，合作社发展速度较快，村民积极参与入股，分红资金及股东人数也愈来愈多，带动了越来越多的村民脱贫致富。

经营模式案例二：内蒙古通辽市牧国牛业有限公司肉牛产业发展模式

内蒙古通辽市牧国牛业有限公司实行的"政银险企农、科技加金融"肉牛产业发展模式，使当地繁殖母牛数量持续增长，企业效益年年攀升，其中的经验值得推广。该模式的主要内容是，培育并发挥"政府＋银行＋保险＋企业＋农户"五方协同的运作平台的作用，以"科技＋金融"为抓手，以企业运营为核心，推动形成肉牛产业一二三产业融合发展的新格局。该模式的推广产生了如下效果：第一，企业通过大规模引入优质金融资本，使企业带动的肉牛繁育农牧户使用"大额度、低利率，长周期"资金，解决了农牧交错带地区农牧民现存的融资难、融资贵的困境，为实现"脱贫攻坚"和"乡村振兴"奠定了金融基础；第二，该模式有效地实现了农牧民降本增效，依托特有数据系统和服务站技术服务体系的支持，实现了从肉牛选种、饲料供应、饲养管理、销售等全方位的服务；第三，实现了大规模肉牛资产聚合，推动肉牛产业升级。通过大数据串联和金融助力、肉牛基层技术服务站组织以及稳定的产业链合作关系的层层递进和不断复制，实现了单一肉牛企业不可能达成的目标，为肉牛产业升级和地方经济发展注入了巨大的内生动力。

 6. **牧区养殖繁殖母牛实现盈利需要考虑哪些要素？**

（1）选购优质公牛或冻精　在当前犊牛价格居高不下的市场情况下，优质公牛或冻精的后代犊牛售价可以比中等或劣质公牛的后代高 2 000 ～ 5 000 元，而购买优质公牛或冻精的价格最多高 150 ～ 200 元。如果再考虑优质公牛或冻精的后代对于本企业未来发展的贡献，那将是不可估量的。

（2）选育中等体型的母牛　较大体型的母牛每天需要更多的饲草料用于维持需要。例如，一头体重为 680 千克的兼用品种成年母牛的干物质采食量为 15 千克 / 天，比一头体重为 500 千克的专门化肉牛品种成年母牛饲料干物质采食量（11.6 千克 / 天）增加近 30%。体重较大的母牛产生断奶体重较重的犊牛，但是这种断奶体重的增加难以抵消母牛体重的损失。

（3）及时淘汰无用的母牛　在牛群中，老龄母牛和空怀母牛必须及时淘汰。年龄超过 8 岁的老龄母牛哺育一头断奶犊牛后很难保持自身的体重，必须及时淘汰；屡配不孕或有产科疾病久治不愈的空怀母牛要及时淘汰；淘汰牛群中具有攻击性的母牛也极其重要，因其经常在牛舍中损坏设施、伤害员工或对同伴发动攻击。

（4）注重疫病预防　畜群免疫密度须达到100%，特别要防止传染性疾病的发生。为有效防范布鲁氏菌病、口蹄疫等传染性疾病的发生，需要按照免疫程序适时注射疫苗。

（5）控制养殖成本　按照肉牛营养需要量科学饲喂，避免因过渡饲喂而导致浪费饲料；在有放牧条件的地区，尽可能多地利用草原牧区放牧，而在没有放牧条件的农区和农牧交错带，可利用季节性作物收获地残茬放牧，或在农田种植牧草进行划区轮牧，以降低养殖成本。

（6）做好数据记录　饲料和牧草干物质采食量、犊牛日增重、犊牛断奶体重和断奶犊牛百分比，以及关键性能指标（KPI）等都是养殖场必须记录和保存的数据，这些数据可以帮助养殖企业在不同年度间以及同一年度本区域内规模相似的其他养殖场间进行生产性能和成本效益的比较。

7. 肉牛养殖档案需要记录哪些内容？档案记录和保存有哪些要求？

肉牛养殖档案是落实畜禽产品质量责任追溯制度、保证畜禽产品质量的重要基础，是加强畜禽养殖场管理、建立和完善动物标识及疫病可追溯体系的基本手段。

肉牛养殖档案记录包括以下内容：①牛群的基础信息，包括品种、数量、繁殖记录、身份标识、来源和进出场日期；②饲料及饲料添加剂等投入品使用记录，包括来源、名称、使用时间、用法、用量、停止使用时间等；③消毒记录，包括消毒日期、消毒场所、消毒药名称、用药剂量、消毒方法及操作人员签字等；④免疫记录，包括免疫时间、疫苗名称、疫苗厂家、生产批号、免疫方法及剂量、免疫人员签名等；⑤诊疗记录，包括诊疗日期、牛只标识编号、圈舍号、发病数、发病症状、用药名称、用法用量及休药期等。

肉牛养殖档案记录要求：①档案分类编号；②用铅笔或不褪色的黑色签字笔记录；③记录本不能任意撕扯缺页；④记录本不可书写与档案无关的文字资料；⑤按时填写档案；⑥准确填写日期；⑦记录员须签字。

肉牛养殖档案保存要求：①制定养殖档案保管、保密、借阅制度；②档案由专人负责保管；③档案设置专柜存放；④注意防虫害、防潮湿；⑤根据企业发展需要，鼓励采用电子化无纸办公系统，所有信息置云端永久保存。

 8. 肉牛追溯管理的重要性和具体要求有哪些？

肉牛追溯管理对于加强我国肉牛业的规范化管理、提高肉牛生产现代化水平、促进肉牛产业的健康可持续发展、增强牛肉产品国际竞争力、加快畜牧产业信息化建设步伐以及推进国家食品安全保障计划具有十分重要的作用。肉牛追溯管理应包含肉牛身份标识系统、生产链环节追溯管理系统和牛肉质量安全报告查询系统。具体要求如下：

（1）肉牛身份标识系统　肉牛身份标识是实施追溯管理的基础工作。根据《中华人民共和国畜牧法》的规定，养殖户必须建立养殖档案，中国肉牛实行唯一身份证管理制度。

（2）生产链环节追溯管理系统　包含5个子系统，即覆盖种牛－繁殖母牛－育肥牛－屠宰分割－加工储存5个环节构成的生产链。各生产链环节分别针对其生产过程实施管理和实现追溯。

（3）牛肉质量安全报告查询系统　其主要目的是保证消费者对于牛肉消费的质量安全。对于分装好的牛肉产品，消费者可以通过相应的终端查询设备，获取产品的可追溯信息。消费者可以查询到的内容包括牛的品种、性别、年龄（出生日期）、活重、分割肉部位和等级、出生地和企业名称、育肥地和企业名称、免疫（检疫）情况、饲养管理过程、屠宰时间和屠宰企业名称、批准号、地址等。

二、牛舍设施及环境篇

9. 牧区繁殖母牛和犊牛对牛舍及设施设备有哪些要求？

（1）牧区牛舍要求　牛舍面积一般可按每对母牛和犊牛30～40米²计算，建筑形式上屋顶多采用双坡式，冬季降雪量不大的地区亦可以选用平顶式、联合式、拱顶式等类型，屋顶应加隔热层或保温层（图2-1、图2-2）。牛舍内按犊牛体重划出空间，作为犊牛固体料低栏饲喂区，每头犊牛按3～4米²计算（图2-3）。每个母牛舍按10～15头犊牛设置低栏饲喂区为宜。

图2-1　半钟楼式屋顶

图2-2　单坡式屋顶

图2-3 犊牛固体料低栏饲喂设备

（2）牧区设施设备要求 牧区肉牛养殖的基本设施包括围栏、大型饮水槽、分群设施、装卸台、运牛车、饲料库、干草棚和青贮池等。围栏可就地取材，木制、铁制、钢筋水泥等均无不可，高80～105厘米（图2-4）。有条件的地区可以考虑应用电围栏；饮水槽可采用大型塑料槽或盆，或永久性钢筋水泥材质等（图2-5）；分群设施以可移动式手动功能为好，不仅价格便宜，而且方便转运（图2-6）。草原定居点牧场可以考虑安装固定液压式保定分群系统；装卸台以可移动式为好，尤其方便在偏远的牧区使用（图2-7）；饲料库和干草棚的建设主要是考虑遮风避雨，保持饲料的正常质量。饲料库和棚的容量依养殖肉牛的数量和采食量而定。青贮池建设的选址应距离每栋牛舍位置较近、地势稍高的地方，

图2-4 草原围栏系统

图2-5 草原上大型饮水槽

图2-6　移动式分群保定系统　　　　图2-7　可移动式装卸台

不仅可以防止青贮饲料被雨季污水倒流所污染，而且也便于饲料的输送。

 10. 农区繁殖母牛对牛舍与设施设备有哪些要求？

（1）牛舍建设要求　在设计上应考虑方便母牛和犊牛的日常饲喂与管理、采光和通风、夏季防暑与冬季防寒、方便清粪等要求。冬季极端温度不低于−20℃的地区，可考虑采用单列局部有棚开放式牛舍（图2-8）；冬季极端温度低于−20℃的地区，可考虑采用卷帘封闭式牛舍（图2-9）。根据当地气候条件的不同，屋顶可选用双坡式、

图2-8　单列局部有棚开放式牛舍

单坡式、平顶式、拱式（图2-10）等。屋顶可考虑增加保温隔热层，兼具防水、保温隔热和承重等功能。

图2-9　卷帘封闭式牛舍　　　　图2-10　拱式屋顶牛舍

（2）牛舍和饲喂设施的规格要求　牛舍的长度和跨度根据牛的养殖头数和牛场总体规划布局而定。单列式牛舍的跨度一般为5～7米，双列式牛舍的跨度一般为10～12米；檐口高度随牛舍的高度增加而提升，一般不低于3.6米；两栋牛舍间距应在14米以上，

图2-11　用于浅槽饲喂的料槽

或以檐口高度的4～5倍为宜，以利于通风。牛槽可采用有槽帮料槽或浅槽（图2-11），由人工或机械进行饲喂。母牛所需的料槽空间每头约为60厘米，犊牛如果和母牛一同饲喂，犊牛需要的料槽空间约为45厘米，同时设有犊牛固体料低栏饲喂区。

（3）运动场要求　运动场占地面积按牛数量和体型大小确定，成年母牛每头应占地10～15米²。牛舍外运动场中配备干草架（图2-12）、水槽、梳毛机等附属设施。每20～30头牛设置一个干草架和一个水槽。水槽高度在设计上要保证犊牛也能够正常饮水，若水槽高度过高，可垫高水槽周围的地面以满足犊牛的饮水需要。同时，可根据当地冬季气候情况，使用带有加热装置的浮球式恒温水槽。

图2-12　干草架

（4）其他　为方便免疫、配种、母牛检查治疗和数据采集等日常操作的需要，应在距几栋牛舍距离适中的地方搭建保定架和过牛通道。

 11. 北方肉牛舍有哪几种常见类型？其优缺点是什么？

北方肉牛养殖牛舍一般分为三种类型：开放式围栏牛舍、全封闭式牛舍和半开放式牛舍。

（1）开放式围栏牛舍　分为三种形式：①完全开放的围栏牛舍，无任何挡风墙或遮阳棚等设施；②利用挡风墙将各个围栏分开的开放式牛舍；③有简易遮阳棚设施的开放式牛舍。与传统的拴系饲养肉牛方式不同，开放式围栏牛场以散养为主。根据当地气候、围栏内地面硬化和牛体重等情况，平均每头牛占地 $6 \sim 16$ 米^2。随着牛体重的增加，存栏头数减少。

开放式围栏牛舍尤其适用于大规模饲养育肥牛（图2-13、图2-14），其优点在于：①简单实用，建造成本低；②满足肉牛生长的基本需要，方便近距离观察牛的各种情况；③肉牛自然配种更为方便；④场内设备利用可以实现最大化，便于机械化作业。缺点在于：①饲喂过程中需要大量设备的投入；②需要注意牛养殖密度，防止疾病传播；③对牛群的健康、日粮配方和管理技术要求较高；④设施和设备的折旧率较高；⑤需定期对围栏内的土丘进行修补，防止因围栏内泥泞湿滑而影响肉牛生长速度。

图2-13　带金属挡风墙的开放式围栏牛舍

图2-14　带木制挡风墙的开放式围栏牛舍

（2）封闭式牛舍　一般采用砖混或轻钢结构建成，牛舍屋顶的形式根据当地气候多采用钟楼式、半钟楼式、双坡式等，屋顶有隔热层、保温层或采光带。为保证舍内通风，边墙可设计成有调整功能的防风卷帘。有些地区仍采用传统拴系的饲养方式，因此封闭式牛舍布局又可分为单列式和双列式两种。

①单列式　这类牛舍按一条饲喂通道和一排牛床设计，建造简单，跨度通常5～6米，通风效果一般。这类牛舍一般多用于家庭牧场或养殖规模较小的牛场。

②双列式　这类牛舍按一条饲喂通道和两排牛床设计。牛舍的长度根据牛的头数和牛场总体规划布局而定。双列式牛舍的跨

度通常为10～12米，分为左右两个单元，可采用头对头或尾对尾方式排列。头对头式牛舍的中间为饲喂通道，两边各有一条清粪通道（图2-15）；尾对尾式牛舍中间为清粪通道，两边各有一条饲喂通道。

图2-15　双列式头对头排列的牛舍

与开放式围栏牛舍相比，封闭式牛舍的优点在于：①粪污不会四溢，利于环境的保护；②动物生产性能较高；③体重较轻的犊牛在泥泞、低温、雨雪等恶劣的自然环境下生长得更好；④环境较为舒适，尤其是北方寒冷的冬季。缺点是：①建设投资成本高，通常是开放式围栏牛舍的3～5倍；②通风不畅，湿度过大，易导致蹄病、呼吸道疾病、关节炎、感冒等疾病的发生和扩散，尤其是在冬季饲养密度过大的情况下；③管理成本高，每天要进行1～2次粪污清理，兽医观察和治病次数增加，医疗费用较高；④养殖肉牛的应激程度较大，胴体品质和牛肉质量均较差，在牛肉品质与价格差异化的市场中不占优势。

（3）半开放式牛舍　这种牛舍兼顾了开放式牛舍和封闭式牛舍的优点，又部分避免了它们的缺点，为大部分牛场所青睐。同封闭式牛舍相比，半开放式牛舍的建造成本要低。半开放式牛舍多为单坡式，其中三面有墙，向阳侧敞开，多以自然通风为主，敞开一侧设有围栏，地面材料通常为三合土、立砖或水泥。冬季气温低于-20℃的寒冷气候下可以对敞开一侧进行遮挡，使牛舍呈封闭状态，起到挡风和保温的作用。这种设计既保证了春夏秋季节的通风，也能抵御冬季的严寒。半开放式牛舍建造时需要注意合适的朝向，一般建议坐北朝南，同时也需要合理设置通风换气口，以保证冬季封闭时舍内适宜的空气质量和温湿度（图2-16）。

图2-16　半开放式牛舍

 12. 北方舍饲牛舍的地面设计有哪些要求？

从习性上讲，肉牛躺卧休息时一般首先会选择松软且干燥的地面，其次是较硬且干燥的地面，最后才是泥泞或潮湿的地面。因此，为保证牛舍内地面的干燥，除了在地面设计上要保持1.5%～3%的坡度外，还要优先选择排水性能好的材料，同时也要根据当地气候、存栏牛头数、投资能力等建造适合的地面。北方舍饲牛舍内地面建造材料比较常见的有夯实土及三合土、水泥、立砖等。

（1）夯实土及三合土地面　以黄土、熟石灰和细沙按一定比例混合搅拌分层夯实而成，其特点在于施工难度和建设成本低，具有良好的温热特性，对肉牛的关节有一定保护作用。一般适用于较干燥、无重载物通过的牛舍。缺点是粪污清扫难度大、消毒和防疫不彻底、使用年限少等。

（2）水泥地面　在规模化牛场比较常见。其优点是坚固耐用、防水性能好、使用年限长、便于粪污清扫和防疫消毒；缺点是冬季保温性能差，坚硬地面易损伤牛的关节。为防止肉牛在水泥地面滑倒摔伤和双腿劈叉，可以人为提高水泥地面的粗糙程度，使用橡胶垫；在牛只频繁活动及过牛通道等区域的地面增加凹槽或菱形纹路设计。繁殖母牛舍和犊牛舍的地面应铺设垫草，并及时更换垫草以保持干燥。

（3）立砖地面　优势在于地面的保温性能比较好，比水泥地面对牛的关节影响小。但立砖地面在粪污清理和防疫消毒上不如水泥地面，若使用机械设备进行粪污清扫，使用年限明显减少。

13. 北方舍饲牛舍的料槽设计有哪些要求？

（1）设计形式和选材　舍饲牛舍的料槽设计形式有多种，包括永久固定式或可移动式、有槽帮和无槽帮、高槽和低槽等；材料选用方面也各有不同，如混凝土、木制、金属、废旧轮胎或废油桶等。养殖场可根据当地情况因地制宜地选取材料。

（2）料槽规格要求　根据牛的体型、饲喂模式、生产目标不同，平均每头牛所需的料槽长度为60～76厘米。料槽的设计可以多样化，但在制作时必须保证料槽底部无草料堆积或无死角，为此都将槽底部做成U形（图2-17）。肉牛采食侧料槽高度以牛喉咙部位高度计算，一般以

图2-17　U形料槽

不超过45厘米为宜，料槽底部宽度40厘米，深度为30厘米，料槽底部距离地面15厘米。

规模化牛场也可以选择在饲喂通道的光滑地面上进行饲料的投喂，俗称浅槽饲喂（图2-18）。饲喂通道在设计上通常要高于舍内地平面10厘米，生长牛的喉咙部位（料槽采食侧挡墙上沿）距舍内地平面的高度根据肉牛体重和月龄不同，以36～46厘米为宜，压肩栏杆距离舍内地平面高为80～110厘米。

图2-18　饲喂通道的光滑地面作为料槽

14. 北方舍饲牛舍的水槽设计有哪些要求？

（1）总体要求　舍饲牛舍的水槽在设计上须满足肉牛自由饮水的需要，饮水需要量根据气温、牛的体重、饲粮干物质含量的变化而不同，水管的进水流量最少要保证8升/分。水槽设计上还要符合肉牛饮水时将口鼻浸入水中几厘米的自然饮水姿势。冬季北方地区应对水槽及进水口处做加热保温处理，不仅可以保持水温在7℃左右，而且也能防止进水管口被冻裂。

（2）水槽安装的位置和高度　一般不设置在料槽附近，宜安装在舍饲围栏内的其他地方。两个围栏之间可以共用一个水槽。

水槽高度以离地面不超过45厘米为宜。

（3）水槽的类型 一般可分为长条形恒温加热饮水槽、碗式饮水器、浮球式恒温加热饮水槽等几种。长条形恒温加热饮水槽的规格可设计为宽40厘米、高30厘米，长度根据养殖的牛群密度而定，但一般不小于80厘米（可满足15～20头牛的饮水需要）。碗式饮水器通过牛鼻触碰压水板来给水碗供水。通过调整出水阀口达到理想的出水压力，进水流量可以达到16升/分。在定期进行清理的情况下，一个碗式饮水器一般可满足8～10头牛的饮水需要。浮球式恒温加热饮水槽以热固性塑料经热压法加工铸型而成，通过饮水槽内的浮球来控制饮水槽内的水位，肉牛饮水时需用口鼻顶开浮球（图2-19）。浮球的设计可以有效防止粪污或饲草料残渣对水质的污染。在定期检查水质和清理水槽杂质的情况下，一个双浮球式恒温加热饮水槽可满足25～30头育肥肉牛的饮水需要。

图2-19 浮球式恒温加热饮水槽

15. 北方舍饲牛舍的通风设计有哪些要求？

牛舍的通风设计分为自然通风（自然风压或非机械式）和机械通风（排气扇）。

自然通风一般适用于半开放式牛舍。设计上应考虑：①牛舍选址时应选择地势开阔、通风和排水良好的区域。②牛舍纵向走向应与当地夏季主导风向垂直，各栋牛舍之间应保持一定距离，间距建议在14米以上，行列式布局的牛舍前后行应左右错开，呈"品"字形，利于自然风快速通过牛舍，增加通风换气率。③舍内要合理布置通风口的位置，如屋顶排气口或檐口下的通风口。屋顶排气口设计的原则为牛舍每10米宽的屋顶最少应打开不少于15厘米的排气口。在不影响气流上升和排出的情况下可加盖，以防止雨雪进入舍内。利用空气的浮力所产生的烟囱效应，在没有风的条件下，温暖潮湿的污浊气体也可以由牛舍屋顶排出。而在檐口下设计通风口，便于干燥、清洁的空气进入，尺寸为屋顶排气口的一半（每10米宽应打开不少于7.5厘米的通风口）。④提升檐口的高度，12米宽的牛舍建议檐口高度不低于3.6米，较高的檐口可增加侧向的风力，提升牛舍内的换气率。⑤牛舍屋顶的坡度越陡，自然通风的效果就越好。理想的坡度是4∶12（斜坡高度∶斜坡水平长度），坡度低于3∶12（斜坡高度∶斜坡水平长度）的较平屋顶会降低空气的浮力，导致湿气、热气、浊气堆积在牛舍内，影响牛只健康。

牛舍的机械式通风是以风机为作用力引起空气的流动来实现的通风效果。机械通风不受自然条件的约束，可以根据需要进行空气的流动，获得稳定的通风效果。一般通过负压风机将经过湿帘或喷雾降温后的冷空气吸入牛舍内，可以有效降低夏季热应激，为肉牛创造舒适的生活环境，特别适用于高温气候环境。

16. 肉牛育肥场建设的选址和布局应遵循哪些基本原则？

肉牛育肥场建设选址和布局要遵循以下基本原则：①选址开阔，交通便利，通风和排水良好，坡度不应大于12°；②水源充足，水质良好，便于取用，可满足肉牛生产及日常生活饮水的要求；③牛舍建设要能够满足肉牛基本的生长需要，如提供足够的活动场地、饲料和饮水等；④牛舍设计以简单实用为主，在保证足够的通风条件和牛只安全的条件下，尽量减少建造成本；⑤牛舍设计应考虑减少因粪污堆积，不良气味对周围环境以及动物产生不良影响；⑥牛群处置设备必须满足动物福利的要求，且符合肉牛的正常行为；⑦在保障操作人员安全和牛群安全的前提下，处置设备应最大程度地减少牛的应激，并减少因处置不当带来的风险。

17. 肉牛育肥场处置设施的类别和设计要求有哪些？

育肥场处置设施一般都安装在室内或半封闭的环境内，工作区不仅需要配备完善的水、电和排污系统，而且还需具备良好的加温和通风设施，以提供操作者在任何时间进行牛群处置操作的舒适工作条件。处置设施可以实现下列目标：①减少和降低牛在保定处置过程中产生的应激和受伤概率；②保护工作人员及降低劳动强度；③牛入场处置、全群健康管理、追溯和治疗等项目的执行；④生产性能数据（如体尺、体重、睾丸围等）的测量和记录。

处置工作区一般由待转栏、集群栏、过牛通道、挤压式保定架、装卸台以及一些配套设备，如体重秤、诊疗架等组成（图2-20、图2-21）。处置区的安装位置根据育肥场规划布局而定，一般安装在距离各栋舍较近或在固定式装卸台附近，牛在处置完毕后可经赶牛通道返回之前的栏舍或送往另一个牛舍。根据肉牛的品种和体型来确定设施设备选用的规格型号。由待处置牛的数量来确定通道的长度和形状，并预留出扩展空间。

图2-20　育肥场室外待转栏和保定分群设施

图2-21　室内保定设施

处置工作区在设计上应注意：①待转栏的数量、规格、栏杆高度与需要处置的牛体重和牛群规模有关。待转栏一般设计为长方形，平均每头牛占地约2米²。②集群栏呈圆形，通过手动或电动旋转的方式将牛驱赶到过牛通道。集群栏占地约14米²，里面可容纳6～10头牛。③过牛通道与挤压式保定架相连，作用是保证肉牛依次按顺序进入挤压式保定架或装卸台。在设计上过牛通道上方应悬挂止回器（图2-22），以防止牛看到设备或人而回转或停止移动。侧壁应以铁板封闭，以防牛受外界干扰。过牛通道呈V形，上宽下窄并可调整，以方便不同体型的肉牛使用。另外，地面需做防滑处理，采用的方法有在活动区域铺沙子、规律性钢管铺地或直接在水泥硬化地面刻出菱形沟槽等。

图2-22　过牛通道和止回器

开放式围栏育肥场内通常用土堆砌成一个土丘（图2-23），可以给育肥牛提供一个远离泥泞、相对干爽的趴卧区域，每头育肥牛占地面积2～3.7米²，可满足围栏内肉牛在任意一侧趴卧休息。土丘的高度1.2～2米，顶部宽度应小于1.5米，坡度为1∶4或

图2-23　肉牛活动场用土堆砌的土丘

1：5。围栏的地面设计有2%～4%的坡度，以保证围栏内的污水正常排出。围栏的前端为料槽，后端有专门用于赶牛的通道，牛可以通过赶牛通道去往各个围栏、工作处置区或者装卸台。

 18. 农牧交错带地区肉牛露天育肥场的挡风墙设计有哪些要求？

挡风墙的类型可分为自然挡风墙和固定式挡风墙，其特点和要求如下：

（1）自然挡风墙　这是通过在育肥场周围栽种2～3排常绿乔木，如松树或柏树等起到降低风速的效果。自然挡风墙对下风向的影响是挡风墙自身高度的10～15倍，风速可降低50%左右。假设挡风墙的树高4米，那么其对下风向的影响约为40米。树木作为挡风墙时要注意积雪的影响。受风速降低的影响，雪会堆积在树木周围，增加育肥场管理和饲喂的难度。

（2）固定式挡风墙　这种挡风墙建设在围栏育肥场的外围或牛栏内，起到挡风以及将各个育肥牛围栏分开的作用（图2-24）。挡风墙的纵向方向应与当地冬季主导风向垂直。挡风墙的建设因地制宜，可以使用木板、镀铝锌钢板、柔性网状材料等，一般与地面垂直铺设，高度在3米以上，板与板之间留有缝隙，板的宽

度在15 ～ 20厘米，两板之间的隙缝宽度在5 ～ 7.5厘米，孔隙率
25%～ 35%，这种孔隙率的挡风效果最好。如果孔隙率超过35%
或接近50%，则挡风效果不佳，风会直接从孔隙穿过，起不到降
低风速的作用。

图2-24　肉牛露天育肥场的挡风墙

19. 肉牛育肥场防暑遮阳网的设计有哪些要求？

（1）遮阳网的面积　　根据肉牛体重和类型的不同，需要面积
为1.9 ～ 4.2米^2，应保证遮阳网投射到地面的阴影能覆盖围栏内所
有肉牛。遮阳网的高度不会对阴影面积产生影响，但会影响影子
在地面的移动率和通风效果。

（2）遮阳网设置的位置　　应便于牛前往，通常以南北为纵向。
遮阳网的高度应参考围栏内操作机械的高度，遮阳网过低则机械
无法进行操作。

（3）遮阳网的维护　　应定期对遮阳网下的地面进行维护和清
理，防止因粪污堆集导致的潮气和氨气浓度增加，影响肉牛的
健康。

20. 肉牛养殖场体重秤的设计要求和使用注意事项有哪些？

无论养殖场使用哪种肉牛生产体系，犊牛的初生体重、青年母牛配种时间、饲料转化效率和育肥牛出栏体重，都离不开体重数据的记录和分析。能够快速且准确得到体重数据，对肉牛生产性能和养殖效益的评估起着关键作用。因此，肉牛体重秤在设计上应注意：①选择符合养殖场需求的体重秤；②称重过程中需要减少牛的应激和掉重；③方便信息数据的读取与对接；④需要排除影响体重秤准确度的因素。

应根据养殖场的场地规划布局、管理方式、使用频率和称重目标来选择体重秤。体重秤可分为固定式体重秤和移动式体重秤，固定式体重秤可以放在保定架下面使用，优点在于结实可靠，但需要将牛驱赶至指定地点并按顺序称重。如果缺少赶牛通道，这项工作就会有难度，且对牛的应激较大。可移动式体重秤可对不同围栏内的牛进行称重，但准确性、人员安全性和电源等问题需要注意。

肉牛在等待称重的过程以及驱赶至处置区称重的过程会产生应激反应。人为大声呵斥或使用棒棍驱赶可让这种应激程度加剧，进而导致体重降低。设计良好的设施与设备，虽然无法避免应激的产生，但可以将这种应激程度降到最低。

科学技术的发展给体重秤赋予了更多功能，除了可以快速准确显示肉牛体重外（5秒以内），与电子耳标识读器的互联可以在准确快速确认牛的身份信息后，将体重数据一并上传至养殖场管理软件，或直接导出至工作表，达到实时掌握肉牛体重变化的目的。

体重秤的准确性易受养殖场内粪污、杂物或其他碎屑即粉尘的影响。使用过程中秤台表面应避免与上述这些环境接触的机会。另外，需要注意体重秤底部的传感器电线是否有打结、老鼠啃咬、缠绕等情况，应当经常检查和校准秤的功能，以保证体重称量的准确性。

 肉牛养殖场牛群装卸台的设计有哪些要求?

牛群装卸台作为肉牛处置区的一个基本组成部分，在活牛进场和出栏时起到关键的作用（图2-25）。装卸台在设计上可以与集群栏或过牛通道连接，根据养殖场的实际情况，对装卸台的材质和尺寸进行调整。

图2-25　牛群装卸台

根据养殖场的实际需求和气候条件，牛群装卸台可有不同的类型。复杂的装卸台建有专门的房子或棚，地面为混凝土或漏缝地板，过牛通道全部在室内，便于雨雪天的操作。简单的装卸台直接建在户外，不单独建房或棚。

根据使用情况的不同，装卸台可以是固定式（图2-26），也可以是移动式。装卸台面的高度最好在0.3～1.5米之间手动调节，装卸台长度一般在3.9～4.8米，宽度在0.75～1.0米，如果过宽，体型较小的牛在装卸台内会调头。装卸台的侧壁最好为封闭式设计，以防牛因看到装卸台外的情况而踌躇不前。装卸台底部可留

图 2-26　固定式装卸台

有高 15 厘米左右的观察槽，可人工辅助肉牛依次按顺序通过装卸台进出装载车辆。

 22. 肉牛养殖场对舍内的垫草有哪些要求？

一般适合作垫草的原材料都需要满足水分含量低、柔软、干净、吸湿性好这几个特点。可选择的原料有小麦秸、稻壳、稻草、黄豆秸、玉米秸、玉米芯、锯末等。肉牛养殖场应根据周边可供的资源情况，选择价格合适的时候购入垫草，如小麦收割时期购买小麦秸。

圈舍内铺设垫草的厚度取决于季节和垫草的水分含量。冬季厚铺的垫草温度可达 45℃ 以上，肉牛趴卧在上面会感觉非常愉悦。同样厚度的垫草在夏季时温度也会超过 40℃，肉牛则会因为垫草过热而选择远离垫草。因此，垫草在夏季不仅没有起到吸收粪污的作用，而且会导致舍内空气环境变差。夏季选择薄铺垫草，也许能解决垫草温度升高的问题，但如果不及时清理舍内粪污，垫草量少又不足以吸收尿液和粪污，则难以起到保持地面干爽的作用。

垫草的管理需要根据季节的变化而变化，一般冬季每 2 周更新 1 次，夏季 1 周更新 1 次即可。

23. 肉牛养殖场饲草料存储设施的设计有哪些要求?

肉牛养殖场的饲草料加工与存储设施区域作为生产辅助区,应与生产区保持适当的距离。应将场内饲喂车辆的行驶路线与饲草料运进运出路线分开,确保不会因为饲草料的进出场区对饲喂过程产生影响。

饲草料存储设施的设计应符合下列要求:①建在距离水源、电力供应系统较近的地方,料库应预留出一定空间做未来规模扩大的准备。②饲草料加工和存储区域应建在地势较高的地方,将地下水或地面污水渗入导致的饲草料污染风险降到最低。③大中型养殖场可能建设自己的谷物饲料加工设施,如蒸汽压片玉米加工厂,因此原料一般存储在储料仓中,以防止原料发生霉变和鼠害。④青贮的制作应满足肉牛全年使用量或略有盈余,青贮饲料一般分为窖藏青贮、平面堆贮(图2-27)和裹包青贮。青贮窖(池)可根据地下水位和地势分为地上式(图2-28)、地下式和半

图2-27　平面堆贮

图2-28　地上青贮窖

地下式三种，通常按500 ～ 600千克/米³来设计青贮窖的容量。建议首选地上式青贮窖（池）。⑤饲草贮备过程中应注意水分不得超过安全含水量。其中，圆捆裹包草的水分不应超过18％，长方形草捆不应超过22％，饲草需要满足肉牛3 ～ 6个月的储备用量。

 24. 为什么肉牛养殖场一定要建设专门的处置区？

肉牛养殖场设置专门处置区的主要原因有：①确保工作人员对牛操作过程的人员安全和牛只安全；②方便对牛群实施标准化操作，如疫病治疗、入场处理、分群、科学试验、数据信息采集、疫苗注射、阉割、去角、驱虫、妊娠检查、打耳标、疾病治疗等；③提升肉牛处置的效率，减少和降低因驱赶和处置等造成牛的伤害与应激。

 25. 肉牛养殖场常用附属设施的规格要求如何？

肉牛养殖场常用附属设施除处置工作区外，还包括消毒池、电子地磅、粪污清理设备、饲料加工机械和实验室等。

养殖场门口应设置车辆消毒池，尺寸一般不小于12米²，长度不小于4米，宽度不小于3米，深度为15 ～ 25厘米，设排水口。在门口道路通畅的地域，可放置大型电子地磅和磅房，电子地磅称重量100吨，台面规格3米×12米。

实验室的设计为满足牛肉生产所需的检验分析，需购置试验台、基本化验设备，用于兽医化验、饲料常规成分测定等。

每头育肥牛每天湿粪便的产生量占其体重的5％～ 6％。根据这一数据配备合适大小的清粪车。为了保护养殖场环境和地下水不被污染，堆粪场应使用混凝土硬化地面以防渗漏，堆粪场面积按5 ～ 6米²/头设计。

其他机械设备包括全混合日粮搅拌车（固定式机组）、发料车、装载机、青贮取料机以及饲料加工机械，如铡草机、粉碎机、搅拌机、压片玉米加工设备等。

26. 肉牛养殖场常用的保定分群设施和主要特点如何？

保定分群设施是肉牛养殖场必备的分群保定工作设施。保定分群设施有多种类型和设计，养殖场需要根据本企业的需要进行选型。放牧饲养场一般选择可移动式设施，以手动方式操作为主，这是因为牧区电力资源不发达。手动操作的保定分群设施尽管工作效率偏低，但可满足基本需要。而农区和农牧交错带地区的肉牛养殖场一般为舍饲和半舍饲饲养方式，水、电资源供应充足，可以考虑选择固定式自动化程度较高的液压式挤压保定设施。同时，根据养殖类型来选择保定和分群设施，繁殖母牛、架子牛和育肥牛在保定分群设施的材质强度和规格要求上都有所不同。

保定分群设施设备主要包括挤压式保定架、过牛通道、集群栏、待转栏和装卸台等部分，配套设施则有体重秤、诊疗架等。这些保定分群设施以手动操作为主，结构简单、价格低，适用于1 000头以下饲养规模较小的牛场使用。对于1 000头以上饲养规模较大的牛场来说，可以选择液压式自动分群保定设施（图2-29），其优点是工作效率高，现场操作人员少，以遥控方式驱赶牛进行分群和保定作业；缺点是购买时一次性投入成本较高，需要有电力配套。

图2-29 液压式保定分群装置

挤压式保定架及其前端的颈枷门是保定分群设施的功能核心所在，肉牛全部的处置操作最终均在挤压式保定架内完成。挤压式保定架和颈枷门的互相协作可以将肉牛限制固定在保定架内。在保证操作人员安全的前提下，方便对肉牛进行各种处置操作。颈枷门通常分为自捕式、剪刀式和敞开式三种基本类型。其中，自捕式颈枷门的立柱可以是竖直或弧形，通过牛肩触碰立柱的方式来完成颈枷门的开合（图2-30）。自捕式颈枷门的优势在于处理肉牛迅速，方便肉牛进出保定架，较少出现夹牛甚至致死的情况。缺点在于可能会因为冲撞造成牛肩的瘀伤，而体型较小的牛还会在冲撞立柱时出现其腹部被闸门立柱卡住的情况，而且不适于有角的牛使用；剪刀式颈枷门的优点与自捕式颈枷门相类似，但适于有角的牛使用，缺点是不便于体型较大的牛通过（图2-31）；敞开式颈枷门是在肉牛头部穿过颈枷门时，闸门的立柱分别由两侧向中间合拢锁住牛的颈部（图2-32）。这种敞

图2-30　自捕式颈枷门

图2-31　剪刀式颈枷门

图2-32　敞开式颈枷门

开式颈枷门的优点尤其适于处置带角的牛，且对牛的体型要求不限；缺点是操作时易出现夹牛甚至致死的情况，处理的速度也相对较慢。

27. 肉牛养殖场过牛通道的设计有哪些要求?

过牛通道是保定分群设施设备的一个组成部分，其作用是保证肉牛可按顺序依次进入挤压式保定架接受处置。

过牛通道位于挤压式保定架和集群栏或待转栏之间，通道断面呈V形，通道底部的宽度根据肉牛的类型和体重可以调整（图2-33）。根据养殖场的规模和类型，过牛通道可设计为单通道和双通道模式，双通道可以保证不同体重的肉牛在不调整通道尺寸的情况下正常通过，或提升同一体重肉牛使用通道时的效率，从之前单通道可容纳5～6头肉牛变成容纳10～12头。过牛通道的设计根据肉牛品种不同，高度为1.5～1.8米，宽度为0.56～0.66米，长度可同时容纳5～6头牛。过牛通道可以设计成直线型或弧形，围墙为全封闭式，在通道上方隔2～4头牛的距离吊装一个止回器，防止肉牛在通道里倒退。

图2-33　典型的过牛通道

28. 规模化肉牛养殖场为什么一定要设立专门的饲料供应中心?

肉牛养殖生产中饲料成本通常占总养殖成本的60%～70%，

饲料成本的管理和控制对肉牛养殖场的效益具有重要影响。饲料成本主要通过饲草料购入时的价格、饲料使用时的出库记录、料槽中剩余饲草料的重量来计算。然而，实际生产中因饲草料储存不当造成的发霉变质和营养物质流失；雨、雪和大风天气对饲料的影响；鸟和鼠等野生动物偷食；日粮混合搅拌和送料过程中的损失等常常被养殖场忽视。饲草料的损失还体现在管理和饲料制备过程中，工作人员更关注于肉牛是否按时喂料而忽略饲料配方的准确度，如通过装载机将原料投入到全混合散料车时按斗来估计原料的重量，会导致饲料原料投入过多或不足。

通过全封闭的饲料供应中心，可以将饲草料受天气的影响降到最低，同时更有效率地对饲料进行加工处理，完成精准化饲喂。饲料供应中心将进场的饲料原料按储存要求分别存储，根据日粮配方统一调配。因为饲料所有的加工处理和混合搅拌都在供应中心内完成，减少了原料取用的时间，提升了工作效率，并且将加工过程中产生的粉尘污染降到最低。

 29. 如何通过肉牛粪便处理还田实现种养结合？

种养结合即养殖场产生的粪污经土壤、水和大气及微生物发酵作用形成有机肥，再将有机肥料施于土壤中或喷洒在农作物上，在改良土壤的同时，产生的粮食及其农作物秸秆和牧草作为饲料用于饲养肉牛。

随着肉牛养殖场规模的不断扩大，养殖场带来的粪尿污染成为社会普遍关注的焦点，也成为养殖场未来发展的生存挑战，而种养结合、循环发展是解决养殖场粪污问题的最佳途径。农牧交错带地区的肉牛养殖场可依据2018年1月农业部印发的《畜禽粪污土地承载力测算技术指南》，结合本企业养殖密度对粪污养分供给量进行测算，依据土地承载能力和质地，测土配方施肥，实现粪污就近就地还田利用。

30. 肉牛养殖场粪便处理有哪些有效方式?

　　肉牛养殖场粪污产量根据饲养管理方式、肉牛品种、体重、饲料配方、是否使用垫草等不同而有所变化。目前,肉牛养殖场粪污处理的主要用途仍是通过堆肥或厌氧发酵后制作生物质有机肥或液体肥用于种植农作物、牧草、蔬菜、花卉等经济作物。

　　肉牛养殖场一般建有固体粪污堆肥场(图2-34)和污水收集池,场内有雨污分离设施,雨水可通过明渠排走,污水则通过铺设的污水管道直接排放到污水收集池。将固体粪污堆成条垛,用自走式翻推机定期进行翻抛增氧,发酵40天左右待颜色变黑褐色即可外运。污水池经3～6个月完成沉淀腐熟后可就近施入农田。大型肉牛养殖场可考虑使用槽式堆肥发酵工艺,发酵完成的有机肥通过辅料混合搅拌、烘干、筛分等工艺,生产商品有机肥销售给经济作物或水果种植大户。

图2-34　大型肉牛养殖场粪污堆肥处理

　　有条件的大型肉牛养殖场也可以考虑建大型沼气系统,利用牛粪便及其他有机废物、收集的污水为原料生产沼气,沼气可供牛场自用或供附近村庄农户使用。沼渣和沼液可用于农田或制成有机肥,但需要养殖场周边有可消纳沼渣和沼液的农田,而且需要添置沼液沼渣吸排设备。

 31. 肉牛养殖场有效控制蚊蝇鸟害的方式有哪些?

肉牛养殖场控制蚊蝇可以采取以下措施:①保持畜舍的通风,舍内环境干燥和清洁,地面无可造成粪尿堆积的沟渠或洼地;②使用垫草以保持地面干爽,对潮湿垫草应及时清理;③粪便越少则蚊蝇越少,因此对牛舍内的粪污应定时清理,防止蚊蝇在粪污中滋生繁衍;④采用腐熟堆肥法处理粪污,完全杀死粪污内的虫卵;⑤料槽内剩料也是蚊蝇滋生的来源,夏季每天应及时清理料槽;⑥使用化学杀虫剂,在苍蝇经常栖息的地方喷洒稀释后的药剂,但要防止药剂喷洒至料槽、水槽或其他肉牛易舔舐的地方,防止肉牛中毒。

控制鸟类一般可采取以下措施:①控制饲料中谷物类加工的颗粒度,合理的颗粒度是以鸟类不便食用为准;②使用封闭的谷仓存储谷物类饲料;③通过降低饮水槽水位的方法来防止鸟类靠近水槽;④牛舍内顶棚处铺设防鸟网(图2-35)。

图2-35　牛舍内顶棚铺设防鸟网

三、放牧管理篇

32. 为什么繁殖母牛放牧饲养是农牧民最常用的方式?

(1) 饲草资源丰富 农牧交错带地区天然草场面积大，牧草资源丰富，具有发展肉牛养殖业的潜力和优势。黄土高原区以前全是草原地区，经过长期开垦后，目前仍然有大约2 000万公顷草地，占全区面积的32.6%。在山西、陕西和内蒙古的交界地带也有约297万公顷草场，占全区总面积的43%。

(2) 放牧饲养成本低效益好 与集约化舍饲方式相比，农牧交错带地区采用放牧方式饲养母牛，不需要从农区购买大量谷物饲料，而仅仅通过放牧加补饲方式饲养即可，养殖成本会明显下降。而放牧养殖母牛不仅简单易行，而且母牛繁殖率高，农牧民养殖效益好。

33. 放牧草场为什么关注载畜密度这个指标? 如何计算?

草场载畜密度是单位草地牧场面积牧饲的牲畜头数，是反映牧区草原利用程度的常用指标。单位草原面积载畜密度过低，会使草原不能得到充分利用，但载畜密度过高，则会造成过度放牧，草原退化，既不利于牲畜成长，也不利于畜牧业的持续发展。载畜密度是影响草地放牧生态系统中牧草和家畜生产的重要因素，长期过高或过低的载畜密度都会对生态系统产生一系列的负面影响。因此，依据草地现况确定合理的载畜密度，对于保持草地放牧生态系统持续、健康、稳定的发展是非常重要的。

载畜密度 = (公顷产草量 × 可利用率) ÷ (家畜日食草量 × 放牧天数)

载畜密度通常用每公顷草原上可以平均放牧的家畜单位数(牛单位或羊单位)表示。单位为"头/公顷·年"。

肉牛放牧的三种主要方式如何？

肉牛放牧的三种方式为连续放牧、简单轮牧和密集型轮牧。其放牧方式如图3-1所示。

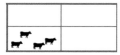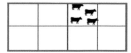

图3-1　三种肉牛放牧方式
A.连续放牧　B.简单轮牧　C.密集型轮牧

（1）连续放牧　是在整个放牧阶段，放牧肉牛在同一放牧牧场系统中。

（2）简单轮牧　是将放牧区域分割成多个小区域，分区域轮牧。

（3）密集型轮牧　是具有多个牧场或围场的系统。根据牧草的生长和利用情况，肉牛放牧经常从一个围场转移到另一个围场。

连续放牧、简单轮牧和密集型轮牧的优缺点有哪些？

（1）连续放牧　优点是投入管理较少，资金成本低。缺点是牧草产量与质量低导致载畜率低；每亩产草量少，草场利用不平衡，践踏导致牧草损失程度上升；放牧家畜粪便分布不均匀，难以维持豆科植物和重建植被覆盖度差的区域；而且杂草和其他不需要的植物不易处理。

（2）简单轮牧　优点是与连续放牧相比可增加牧草产量，改善草场条件；牧草存在休牧期，有利于牧草再生，提高草地产量；可以提供较长的放牧季节，减少了收割牧草饲养放牧家畜的需要，可降低饲料成本；有利于动物粪便在草场均匀分布。缺点是围栏和供水系统的成本高于连续放牧，牧草生产和牧草利用率低于密集型轮牧。

（3）密集型轮牧 优点是牧草产量高及利用效率高，可提高载畜率；放牧家畜粪便可以在整个草场分布均匀，有利于养分循环；通过放牧可以控制杂草和灌木丛的生长；提供了更多的放牧选择机会，减少了机械收割牧草的成本。缺点是密集型轮牧会影响草原植物群落类型、盖度、生物量及土壤特性等。草原生态系统具有易变性和易退化的特点，密集型轮牧很容易引起一系列生态环境问题，如引起草原植被的退化和土壤质量的退化，特别是春季的密集放牧对草原植被和土壤质量的不利影响更为严重，同时会加大畜群疫病防控的难度。

36. 围栏放牧草场的布局和规格要求如何？

第一，围栏放牧草场应有适当的载畜密度，以保证家畜在短时间内均匀地、无选择性地采食所有的牧草植物；第二，通过轮牧使围栏放牧草场得以休养生息，并为下一个放牧期生长出更茂盛的植物做准备；第三，要有布局合理的通道，通道的宽度至少达到7米，以使放牧牛只无应激地通过通道，并方便快捷地到达饮水地点；第四，水源要便于动物接触，可以采取运水车送水、输水管道给水和打井等方式满足动物饮水需求。

（1）双通道围栏放牧草场 总长6.4千米的十字形围栏，可以做到均衡放牧，动物粪便主要留在通道里，劳动力成本低（图3-2A）。

（2）单通道围栏放牧草场 总长7千米的十字形围栏，难以实现均衡放牧，动物粪便主要留在通道内，劳动力成本低（图3-2B）。

（3）铺有地下输水管道的围栏放牧草场 总长4.8千米的十字形围栏，可以做到均衡放牧，各个区域动物粪便分布均匀，资金投入成本高（图3-2C）。

（4）有水车供水的围栏放牧草场 总长4.8千米的十字形围栏，可以做到均衡放牧，牛的粪便在放牧地的分布均匀，资本投入和劳动力成本均较高，牛群影响因素增大（图3-2D）。

（5）可移动的条带式围栏放牧草场 总长2.4千米的十字形围

栏，两侧围栏都是可移动的，动物可利用的牧草量可变，所需的劳动力成本高，围栏区的大小可变，资本投入少（图3-2E）。

（6）以水槽为中心的围栏放牧草场　总长7.7千米的大"十"字形围栏，难以实现均衡放牧，动物粪便分布比较合理，劳动力成本低（图3-2F）。

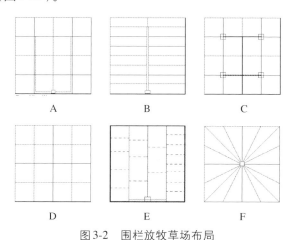

图3-2　围栏放牧草场布局

A.双通道围栏放牧草场布局　B.单通道围栏放牧草场布局
C.铺有地下输水管道的围栏放牧草场布局　D.有水车供水的围栏放牧草场布局
E.可移动的条带式围栏放牧草场布局　F.以水槽为中心的围栏放牧草场布局

37. 在肉牛放牧系统中如何做到动物的有效控制?

（1）计量草场基本情况　草场基本情况应包括：①牧场面积；②牧场土壤类型和土壤肥力；③确定牧场是否存在敏感的土地或土壤限制；④了解牧场现有的牧草种类有哪些。

（2）计算草场承载能力　根据草场中的植物种类、牧草条件和土壤类型，估算出放牧系统的牧草产量和总的饲料供应量以及计算放牧肉牛的需要量。

（3）确定放牧牛群对牧草的需要量　①牛群对牧草的日需要量＝牛的数量×平均体重×日利用率［日利用率=0.04（家畜一般

以体重的4%计算)，2.5%的采食量，0.5%的践踏损失，1%缓冲量]；②牛群每月和季节需要量 = 牛群牧草的需要量 × 天数。注意：放牧肉牛体重随着时间会增加，应每月调整肉牛体重，以便计算更现实的牧草的需要量。

（4）设计轮牧方法　根据产量、动物种类、动物大小及等级差异将放牧群分成若干组。当牛群数量增加时，需要增加围栏草场的数量，在划分牧场时，要考虑有多少群体可能同时放牧、不同的群体能否隔栏杆采食等。

 38. 草场围栏设计的基本要求有哪些？

草场围栏是管理家畜、保护草地的一种工具，围栏系统随着适应饲草数量和质量、动物密度、放牧活动和剩余干草收获量的变化而变化，具有一定的灵活性。安装围栏节约了大量人工，减轻了工人劳动强度，它由经纬钢丝环扣式自动拧编而成，产品具有网面平整、网眼均匀、韧性大、强度高、结构新颖、坚固精密、不并拢、防滑、抗震、耐腐等特性，主要用于草地、牧场的围栏封育以及生态工程防护。设计的基本要求：①清楚围栏的主要用途；②清楚饲养家畜的种类以及类别；③围栏应简单容易运用；④围栏要阻挡狩猎者；⑤需考虑费用成本。

 39. 电围栏的种类和好处有哪些？

电围栏是通过给家畜一个短暂、锐利、安全的脉冲电击（这种电击会令家畜长久不能忘记）来控制家畜，通过围栏对草地进行划区轮牧，将原始粗放的放牧方式改造为集约化的放牧方式，是原始放牧畜牧业向现代放牧畜牧业的重大转型（图3-3）。

图3-3　电围栏

（1）电围栏的种类　单线围栏（高度约92厘米，需要潮湿的土壤提供足够的冲击力）、双线围栏（土壤干燥时使用第二根电线）、三线围栏（主要用于奶牛及肉牛；两根带电电线，中间有一根地线；立柱间距18米）、四线围栏（牛马用；跨接导线将电线和地线连接在一起）、五线围栏（主要用于绵羊和山羊；跨接导线将所有正极和负极连接在一起。）

（2）电围栏的好处　①电围栏用轻型材料制作，设备简单，成本低，易搬动、安装，其金属栏杆很容易插入地面，在杆上架一条金属线即可，拆除亦很方便；②在使用过程中，来自外界的物理压力小，能长久、经济、有效地控制家畜；③可减少草料浪费，家畜局限于一个较小的放牧地段上，短时间、高强度采食牧草，草地利用均匀，减少荒弃；④不依靠刺线起作用，不会造成家畜皮毛损伤，从而提高了皮、毛、肉、角等产品的质量；⑤能防止外来人员及有害动物入侵。

40. 放牧草场常用的牛群处置设施有哪些？规格如何？

放牧草场常用的牛群处置设施有：自动称重分群系统、移动式分栏管理栏舍、装卸台、饲草料一体化补饲装置、水槽、舔块（砖）补饲架等。

（1）自动称重分群系统　主要用于牛群的保定和称重，在牛群的分群、打耳标、防疫、治疗、配种、给药、阉割、修蹄和一切需要保定的环节，都会应用该设施（图3-4）。野外放牧点以可移动式设备为好，定居点具有电

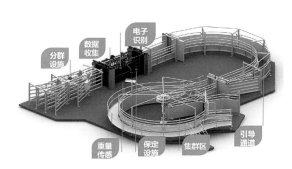

图3-4　自动称重分群系统示意

力供应的牧场，可以选用自动化程度高的液压式自动称重分群系统。

（2）移动式分栏管理栏舍　主要用于牛群购入、售出以及母牛根据体况评分情况的分群管理等（图3-5）。草原牧区以移动式最为实用。

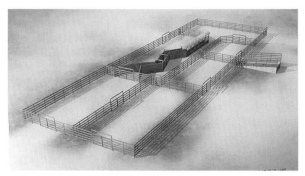

图3-5　移动式分栏管理栏舍示意

（3）装卸台　主要用于牛群进场和售出过程的装卸车，可以是固定的，也可以是可移动式的（图3-6）。

图3-6　装卸台实景

（4）饲草料一体化补饲装置 牧区肉牛以放牧为主，但在冬春季枯草季节需要进行补饲，而且母牛在妊娠早期和产犊前营养需要量较多的时期也需要补饲。补饲往往包括粗料和精饲料，需要精粗料一体化补饲装置。这种装置可以从市面上购买，也可以自制（图3-7）。

图3-7 饲草料一体化补饲装置

（5）水槽 牧区肉牛用水槽是给水的基本器具，放牧场的水

图3-8 水 槽

槽可以很大，通常满足一群牛的饮水需要（图3-8）。可以用大型塑料盆，也可以用混凝土砌成或预制，或为石槽、木槽等；定居点的牛用饮水槽多为固定式，可以为不锈钢、木制、水泥、石槽等。一般规格为：长200厘米×宽50厘米×高40厘米，槽

深35厘米。值得注意的是，在寒冷的冬季解决肉牛饮水问题的最好办法是给水槽加热。

（6）舔块（砖）补饲架　在牧区草场给母牛和犊牛补饲舔块（或舔砖）是一个常用的方法。舔块有圆形和方形，因此必须在草场或定居点设置不同形状的舔块补饲架（图3-9）。

图3-9　舔块（砖）补饲架

 41. 放牧草场的水源如何解决？

放牧草场的水源一般包括：溪流、池塘、井水或泉水。如果饮用水清洁且不含沉积物、营养物、农药、藻类、细菌和其他污染物，则可以显著提高动物的生产能力。为改善畜群健康，必须合理利用草地地表水和地下水作为供水水源。在地表水缺乏地区，可通过建设水库、塘坝、水窖等建筑物，截留、贮存降水作为水源。在可开采地下水的地区，可以考虑建设各种类型的水井、截潜流工程、引泉工程作为水源，有些地区还可以利用渠道、管道向供水点输水或利用运输工具运水到供水点；需要提水时，应根据供水量和提水高度选用人力、畜力提水设施或适宜型号的水泵。在草场供水中已开始应用风力和太阳能提水；另外在饮水点需设置贮水罐、贮水池，也可设置专用的大型贮水袋；还有在饮水点根据牲畜种类、畜群大小和饮水时间，设置一定长度的饮水槽及饮水台等。

 42. 如何延长肉牛放牧期？

延长放牧包括将放牧季节从传统的夏季放牧期延长到晚秋，

或在某些情况下延长到整个冬季。延长放牧期的措施有：

（1）利用打草地延长放牧期 打草地通常生长着多年生牧草，如高羊茅或俄罗斯野生黑麦草等。头茬牧草收割后作为贮草用，后面的牧草可不再收割，留作秋季和冬季延长放牧使用。需要根据牧草的高度估算干物质产量，以便秋季与冬季放牧有牧草可采食。

（2）利用草捆延长放牧期 秋季牧草收割后打成草捆，在选定的草场上成行摆放，草捆之间的间距至少应为6米，以便于动物接近。

（3）刈割草条放牧 这是一种允许牲畜以刈割草条放牧的方式以延长放牧期的做法。这种放牧方式可以使每头母牛日饲养成本降低41%～48%。北方牛交错带地区刈割草条放牧可以在11月开始，并且可以持续到产犊前几周。每次需要给每头牛分配足够的草条放牧地面积，以便它们能够在2～3天内吃完该区域的所有草条。

（4）利用作物秸秆延长放牧期 在作物秸秆残茬地放牧或通过直接饲喂秸秆来延长放牧期。给动物饲喂农作物秸秆时必须注意补充营养。

（5）冬季利用人工草地延长放牧 在北方牧区定居点，肉牛在整个冬季或部分冬季可以在牛舍或围栏内过冬。需要有挡风墙或用草捆堆垛而成的挡风墙，以保证母牛和犊牛不受风寒的侵扰（图3-10）。

图3-10 挡风墙

四、繁殖管理篇

43. 什么是母牛的繁殖生物学周期？

（1）繁殖生物学周期定义　母牛的繁殖生物学广义上是指动物从出生前性别分化和生殖器官形成开始到出生后的性发育、性成熟和性衰老的一系列生理过程，包括性行为及其调节。狭义上的繁殖生物学周期是指后者，即出生后的生理变化全过程。母牛出现第一次发情后，其生殖器官及整个机体的生理状态发生一系列的周期性变化，这种变化周而复始（妊娠期除外），一直到停止繁殖年龄为止，把这种周期性的活动称为发情周期。发情周期伴随着母牛出现周期性的发情行为和生殖道活动变化；从时间上定义为从一次发情至下次发情之间的时间间隔。母牛发情周期一般是18～24天，发情持续期是1～2天。

（2）繁殖生物学周期内容　根据母牛卵巢上卵泡和黄体的发育状况分为卵泡期和黄体期；根据生殖道和发情行为分为发情前期、发情期、发情后期和间情期，间情期最长（图4-1）。

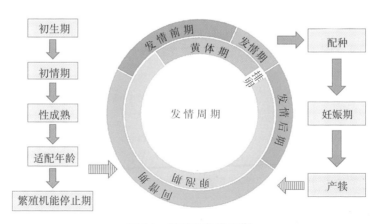

图4-1　繁殖生物学周期

①卵泡期　从上次发情周期的黄体退化开始，卵泡重新发育至排卵结束。

②黄体期 从卵泡排出形成黄体至黄体退化，包括发情后期和间情期。

③发情前期 黄体退化、卵泡开始发育、雌激素(E2)分泌开始增多、腺体生长无分泌，生殖道开始充血。

④发情期 卵泡发育接近成熟、分泌大量E2、生殖道充血、外阴红肿、腺体分泌、流出黏液、子宫颈开张、性欲旺盛。

⑤发情后期 性欲消退、充血减少、无黏液、子宫内膜开始发育。

⑥间情期 黄体成熟、子宫颈紧闭、黏液少且稠、子宫内膜发达。

44. 犊牛早期断奶的好处有哪些？

犊牛是指初生到断奶的牛犊，肉犊牛一般3～6月龄断奶。为提高母牛繁殖产犊率，生产中多采用早期断奶，6月龄以前的肉牛仍称为犊牛。

（1）舍饲条件下的早期断奶 指犊牛出生后3个月即断奶。断奶前要对犊牛进行训水、训料，适当增加精饲料与粗饲料，逐渐减少母乳喂养量。常见做法是0～7日龄饲喂初乳，7日龄后开始饲喂常乳，从10～15日龄开始给犊牛诱饲开食料和优质牧草（图4-2），并逐渐减少鲜奶的喂量，增加精饲料和粗饲料的喂量，直至完全断奶。开食料多为粉状或颗粒状，其中以颗粒料的使用效果较好，颗粒直径以0.32厘米为宜（图4-3）。一般来说，当犊牛连续3天采食料量达1千克以上时，即可断奶。大体型牛，断奶时的日均精饲料采食量可偏大些。小型牛可适当降低一些，如新疆褐牛(中小型品种)，只要达

图4-2 犊牛采食干草

到800克左右即可。养殖场应用
肉牛早期断奶技术时，一方面
要因地制宜、因品种而定；另
一方面，养殖场要根据自身的
饲养水平、犊牛的体况、日粮
的品质及饲料加工类型加以调
整。犊牛早期断奶可以提高犊
牛的成活率，刺激犊牛消化器
官和机能发育，使其得到很好

图4-3　犊牛采食颗粒料

的锻炼，减少消化道疾病的发病率，对犊牛的健康有利，也有利
于肉犊牛后期育肥。早期断奶还可以缩短母牛产后的发情间隔时
间，使母牛早发情、早配种、早产犊。

（2）放牧条件下的早期断奶　放牧犊牛一般采用随母哺乳、
自然断奶的传统方式。为了减少犊牛喂奶量，降低成本，目前放
牧情况多把哺乳期缩短到4个月以下。与常规断奶的母牛带犊情况
相比，早期断奶的母牛将减少35%～45%的粗饲料消耗。采用放
牧地分组的断奶方式最佳，断奶后至少45天不要与其他组混合。
早期断奶可以帮助减轻本地放牧草场的压力，并可为成年肉牛增
加粗饲料供应。

45. 什么是后备青年母牛的初情期？

后备母牛一般指6月龄的
犊牛到生育第一胎犊牛阶段
的母牛，其中16～24月龄称
之为后备青年母牛。后备青
年母牛初情期是第一次出现
发情表现并排卵的时期，一
般在10～12月龄初次发情
（图4-4），发情持续时间短、

图4-4　7～12月龄后备青年母牛

发情周期不正常。例如，青年母牛在初情期后通常有短发情周期（黄体期短）或安静发情（静默发情）。此时母牛生殖器官和生殖功能仍在生长发育。初情期早，繁殖力较高；初情期较晚，终身繁殖的幼畜数较少。但此时不宜配种受孕，否则会影响母牛生长发育和今后配种及繁殖能力，缩短使用年限，而且会降低其后代的生活力和生产性能。

影响后备青年母牛初情期的主要因素：

①品种　成年体重低的品种一般较成年体重大的初情期早；

②气候　包括温度、湿度和光照等气候因素。南方地区气候湿热，光照时间长，初情期较早。

③营养水平　高营养水平条件下饲养，初情期较早；相反，饲养水平较低的情况下，生长发育缓慢，初情期较晚。但是，营养水平过高，动物饲养过肥，虽然体重增长很快，初情期反而延迟。

46. 母牛发情配种时应具有怎样的体况评分值？

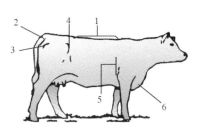

图4-5　BCS评分部位
1.背部　2.尾根　3.臀尖　4.髋部
5.肋骨　6.胸部

体况评分（body condition scoring，BCS）观察的关键部位为牛的腰至尾根的背线部分，通过按压腰椎部的肌肉丰满程度和脂肪覆盖程度进行评分（图4-5）。最常用的BCS体系是9分制的评分体系，1分为非常瘦，9分为非常胖。作为经验法则，BCS的一个数值相当于34～36千克的母牛活体重，如一头母牛在BCS为4时活体重为500千克，BSC为5时则为534～536千克。

初产母牛需要足够的营养，以便达到配种时需要的标准体重。体况评分为5～6分时，配种阶段母牛的标准体重应为其成年体重的65%～70%。配种时后备母牛的体况评分应该不低于5分。与纯种青年母牛相比，杂种青年母牛达到初情期的时间会提前，体重也略轻。成年母牛在产后其体况评分一般会有1分的下降。配种时成年母牛的体况评分值应为5～6分（表4-1）。

表4-1　成年母牛和青年母牛配种时体况评分参考表

类型	配种时期	理想的体况评分（9分制）
成年母牛	产后2个月之内	5～6
青年母牛	配种时（13～14月龄）	5～6

47. 后备青年母牛什么时间配种?

后备青年母牛的初次配种年龄应根据其生长发育速度、饲养管理水平、生理状况和营养等因素综合考虑，其中最重要的是根据体重确定。在一般情况下，在牛体发育匀称，体重达到成年母牛体重70%以上时开始配种最为合适。此时配种，一是有利于母牛的健康；二是其产的牛犊身体强壮。

本地黄牛的配种年龄为2～2.5岁，水牛为2.5岁，改良牛是18～22个月。近几年来由于饲养管理条件改善，初配时间也相应提前，15～16月龄育成母牛即可配种。放牧牛发育可能稍慢，应加强补饲，使之尽快接近正常配种体况。也可根据牛的牙齿换生情况来确定，即后备母牛换生第一对永久切齿后，证明后备母牛已具备配种条件。

母牛的配种时间与母牛的排卵及保持受精能力有关。母牛的排卵时间，黄牛多在发情停止后4～15小时，水牛一般在10～18小时。卵子与精子受精是在输卵管上部的1/3（壶腹部）处。卵子在输卵管存活12～24小时，通过壶腹部的时间一般仅6～12小时。精子进入母牛生殖道内保持受精能力的时间约为30小时

（24 ～ 48 小时）。据此，配种适宜时间，黄牛在发情后 12 ～ 20 小时内，水牛在发情后 24 ～ 36 小时，或发情后第二天下午配一次，第三天上午配一次（图 4-6）。

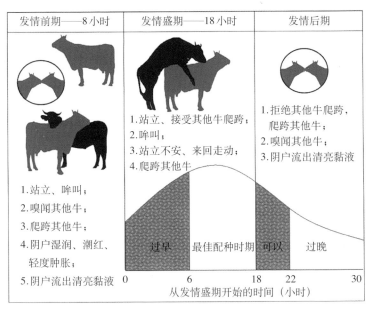

图 4-6　牛的适宜配种时间

48. 常年发情和季节性发情哪一种更适合你的牛场？

牛全年均可发情，但黄牛多集中在 5—9 月，水牛多见于 8—11 月。因此在生产中有养殖户选择让牛常年进行发情配种，也有养殖户选择让牛在固定季节进行发情配种。我国肉牛规模化程度较低，选择合适的发情配种时期对不同饲养管理模式的生产非常重要。

（1）常年发情生产模式　适合农牧户分散和中小规模专业化养殖模式，该模式投资少、风险低，可以充分利用地理资源、农业资源和家庭劳动力等优势。因牛数量不多，虽母牛发情时间不一致，但能够做到对繁殖母牛针对性的观察和配种，及时检查和治疗发情症状不明显或不发情的母牛。以放牧饲养为主的牛群发情往往具有季节性，一般在4—8月的春夏季发情。对母牛可以使用自然交配配种，也可以采用人工授精配种。

（2）季节性发情生产模式　实际上就是同期发情生产模式，采用激素类药物，改变自然发情周期的规律，使群体的母牛在一定的时间内集中发情和配种，不但适合周期性发情母牛，也能使乏情状态的母牛出现正常的发情周期。常规的人工授精需要对每头母牛进行发情鉴定，对于群体规模较大的规模化肉牛养殖场来说费时费力，利用同期发情结合定时输精可以省去发情鉴定的中间步骤，减少因为静默发情造成的漏配，提高肉牛繁殖效率。后期母牛妊娠、分娩及犊牛培育在时间上集中，便于肉牛的成批生产，对于员工来说也可以合理安排时间，节省人力和物力。因此，该方法适合中等规模以上的养殖场。

49. 如何进行母牛的发情鉴定？

发情鉴定的目的是找出发情母牛，确定最适宜的配种时间，防止误配、漏配，提高受胎率，主要方法有外部观察法、阴道检查法和直肠检查法。

（1）外部观察法　主要根据母牛的精神状态、外阴部变化及阴户内流出的黏液性状判断发情（图4-7）。

①看神色　发情母牛敏感、躁动不安、不喜躺卧。活动量、步行数比平常多几倍。嗅闻其他母牛的外阴，下巴依托其他牛的臀部并进行摩擦。

②看爬跨　发情母牛愿意接受爬跨，只爬跨其他母牛而不接受其他母牛爬跨的，不是发情母牛。

③看外阴　牛发情开始时，阴门肿胀、潮红，直至排卵后才恢复正常。

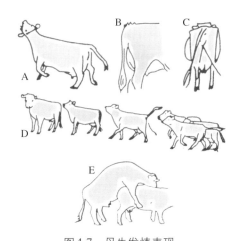

图4-7 母牛发情表现

A.兴奋不安 B.尾根被毛直立 C.阴道流出黏液 D.追逐并嗅闻其他牛外阴

E.爬跨其他牛或接受其他牛爬跨

图4-8 发情母牛"吊线"

④看黏液 发情开始时最少、稀薄、透明，此后发情牛分泌黏液量增多，黏性增强，易观察到黏液"吊线"（图4-8）。

（2）阴道检查法 主要根据母牛生殖道的变化判断发情，在生产中为发情鉴定的辅助手段。方法是将母牛保定，用0.1%高锰酸钾溶液或1%～2%来苏儿溶液消毒外阴部，再用清水冲洗，用消毒过的毛巾擦干。开腔器先用2%～5%的来苏儿溶液浸泡消毒，再用温清水冲洗干净。然后一手持开腔器打开阴道，借助手电筒光源，观察子宫颈口、黏液、黏液色泽等变化。发情母牛子宫颈口开张，黏膜潮红，黏液多。

（3）直肠检查法 根据母牛卵巢上卵泡的大小、质地和厚薄等综合判断其是否发情，是目前最常用和有效的方法。牛尾拉向一旁，手五指合拢成锥形，慢慢插入直肠，手心向下，手掌下压，摸到坚实的棒状的子宫颈，沿子宫颈向前摸到一条浅沟（角间沟），沟两旁各有一条向下弯的子宫角，在子宫角尖端可以摸到卵巢，用食指和中指固定，大拇指轻轻触摸检查其大小、形状和质地（图4-9）。卵泡直径1.5厘米以上，泡壁且波动明显时最适宜输精。

图4-9　母牛直肠检查示意

50. 你的牛场是否需要考虑同期发情处理？

　　同期发情是利用外源激素或其他方法促使母畜群在一定时间内集中发情的繁殖控制技术。人为调整母畜的发情周期进程，使母畜群同期发情，同期配种受胎，同期妊娠，同期分娩，有利于组织生产和管理。另外，同期发情技术作为胚胎移植、人工授精的配套技术，在生产上有着重要的实用价值。同期发情的优点主要有促进人工授精技术广泛迅速地应用，提高家畜繁殖力，缩短产犊间隔，节约人力、物力、时间，方便配种工作，方便管理，作为胚胎移植技术的重要环节，可提高胚胎移植效益。当然同期发情技术也存在缺点，主要包括增加成本，需要有技术的劳动力，增加短期的管理强度。繁育牛场适配母牛数量较多，条件允许的情况下，通常都采用同期发情与人工授精技术。

　　肉牛同期发情对于集约化肉牛饲养过程中的繁殖意义重大。使一群母畜中的大部分个体在预定的时间内集中发情、集中配种、集中妊娠、集中分娩，有利于组织生产和管理。可使母畜产下的后代年龄整齐，仔畜培育、断奶、出栏等也相继可以做到同期化，因而节约人力、节省时间，并降低许多管理费用，便于工厂化生产。

51. 采用自然交配或人工授精技术的优缺点?

（1）自然交配法　即本交，是让发情母牛直接与公牛交配，包括自然交配和人工辅助交配。自然交配是将公、母牛同群饲养，发情母牛被公牛发现随时进行配种（图4-10）。如果自然交配成功率较低时，可以考虑用人工辅助交配，即将发情母牛固定在配种栏中，然后让公牛交配，配种后立即将公、母牛分开。为提高受胎率，1头公牛的年配种量为60～80头母牛，每次只允许配种1～2次，连续4～5天后让其休息1～2天。青年公牛配种量减半，每周2～3头母牛即可，以延长公牛的使用年限。这种方法的优点是操作简单，公牛每天24小时都在牛群里，母牛任何时间地点发情都可以兼顾到，而且效率比人工辅助交配高很多，随时随地都可以配种。费用方面只要多生一头犊牛就可以省出良种公牛的钱，尤其是国内跟群放牧，公牛饲养成本不高的情况下还可减少母牛漏配。但此方法公牛利用率极低，交配次数无法控制，使良种公牛利用年限缩短，配种和产犊日期无法控制，不利于有计划地实施生产。因此，小型牛场、适度规模经营的商品母牛场、农户建议首选本交。

图4-10　牛自然交配

（2）人工授精技术　该技术是利用假阴道法收集公畜的精液，经检查等处理合格后，再用输精器械将精液输入母畜的生殖道内（图4-11）。人工授精可以充分利用优良种公牛的种用价值，提高配种效率，扩大参配母牛的头数，加速母牛育种工作进程和繁育改良速度，

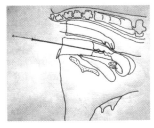

图4-11　母牛人工授精示意

减少种公牛饲养头数，降低饲养管理费用，防止生殖道的传染病。此项技术还可以使母牛配种不受地域限制，对加速品种改良和提高牛群生产性能都有很重要的意义。人工授精必须使用经过后裔鉴定的优良种公牛，假如使用有遗传缺陷的公牛，造成的危害范围比本交更大。人工授精操作不当是引起牛群受胎率低的主要因素之一，因此人工授精要求严格遵守操作规程，严格进行消毒，还必须有技术熟练的操作人员。育种场和大规模养殖场建议选用人工授精。

52. 自然交配时怎样选择合格的公牛？

种公牛必须具备本品种的典型特征和健康结实的良好体质。不同品种都有其严格的等级标准和程序。一般选择体形高大、体格健壮、雄性特征明显；外形和毛色符合品种要求，头短、颈粗，眼大有神；背腰直而宽广，长短适中；胸宽深，肋骨开张；腹部紧凑，成圆筒形；尻部宽，长而不倾斜，肌肉结实，四肢强壮，肢势良好；蹄大坚实，行动灵活；无外貌缺陷，如公牛母相、四肢不强壮结实、肢势不正、背线不平、颈线薄、胸狭腹垂、尖斜尻等。生殖器官发育良好，性欲旺盛，睾丸大小正常，有弹性。凡是体型外貌有明显缺陷的，或生殖器官畸形、睾丸大小不一的均不可用。除外貌外，还要测定公牛的体尺和体重，按照品种标准分别评出等级。此外，还应注意公牛的祖先和后代的表现，特别是后代的表现。

53. 采用人工授精技术时需要注意哪些关键点？

（1）适时输精　适时输精是提高母牛受胎率的关键，应掌握母牛排卵时间及发情症状。绝大多数操作人员对母牛的排卵时间掌握得不准确，很多人认为母牛排卵时间为发情结束后6～10小时（其实应是4～16小时），所以常会错过4～6小时和10～16小时的母牛排卵时间，从而降低受胎率（参见问题49"如何进行母牛的发情鉴定？"）。

（2）输精前准备　做好冷冻精液的准备、输精器械及设备的清洗消毒。输精前需要对冷冻精液进行活力检测。输精过程要快，解冻后的精液应尽快完成输精，不能在外界环境中长时间存放。操作室要定期消毒，保证卫生安全。操作人员穿好工作服，戴好口罩和长臂手套，修剪指甲及手臂消毒，深入母牛体内的手要涂抹润滑剂。母牛保定，排空直肠内粪便，尾巴拉向一侧，先用清水清洗外阴部，再用0.1%高锰酸钾溶液对阴门和外阴擦拭消毒。

（3）输精过程操作

①输精枪头送到子宫颈口　因瘤胃将生殖道轻微推向右侧，用左手要比右手更容易找到和把握生殖道（图4-12）。注意避开阴道内的褶皱，确保阴道和子宫颈伸直，如果输精枪没感觉到子宫颈，这一步就没有完成。

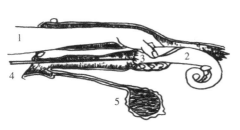

图4-12　正确的输精手法

1.肛门　2.子宫颈　3.子宫颈口　4.输精器　5.膀胱

②输精枪头穿过子宫颈　这一步要注意将子宫颈套在输精枪上。完成过程中，过度活动输精枪效果不好，有时输精枪会从子宫颈内退出回到阴道里。要领是握住并摆动子宫颈，活动牛体内的手。输精枪到达子宫颈口时，枪头往往戳到阴道穹隆，可用拇

指和食指握住子宫颈口将穹隆闭合，改用手掌或中指、无名指感觉枪头的位置，将枪头引入子宫颈。轻轻推动输精枪，感觉进入子宫颈直到第2道环，轻轻顶住输精枪，大拇指和食指向前滑到枪头位置，再次紧握子宫颈。重复上述操作，直到输精枪穿过所有环。

③输精　输精枪通过所有环形褶皱后，能自由向前滑行，没有太多阻力，由于子宫壁很薄，能明显感到枪头的位置，检查枪头即可输精。如果输精枪通过子宫颈后向前超过2.5厘米，精液就只能达到一侧子宫，造成精液分布不均；如果是另一侧排卵，就会影响到受胎率。输精时，应推输精枪内芯，而不是向后拉枪套。

54. 如何确定母牛是否妊娠?

母牛的早期妊娠诊断是减少空怀和提高繁殖率的重要措施，常用的妊娠诊断包括外部观察法、直肠检查法、阴道检查法和超声波检查法。

（1）外部观察法　配种或输精后的母牛如果20天、40天两个情期不返情，就可以初步认为妊娠。此外母牛妊娠后性格变得温驯。妊娠3个月后母牛食欲增加，膘情好转，被毛光亮；5～6个月后腹围粗大，右下腹尤甚。

（2）阴道检查法　妊娠30天后的母牛可用阴道检查法进行检查，通过开膣器检测可以看到母牛阴道黏膜变白、干燥，且失去光泽，子宫颈口紧闭，往往偏于一侧，为灰暗的子宫颈栓堵塞。未孕的母牛阴道和子宫颈黏膜粉红色，有光泽。

（3）直肠检查法　是判断母牛是否妊娠和妊娠时间最常用且安全的方法之一。在配种后40～60天诊断，准确率达95%。妊娠初期主要检查子宫角的形态和质地变化，30天以后以卵泡的大小为主，中后期则以卵巢、子宫的位置变化和子宫动脉特异搏动为主。具体操作中，探摸子宫颈、子宫角和卵巢方法同发情鉴定。妊娠20～25天，排卵侧卵巢上有突出于表面的妊娠黄体，体积大于另一侧；30天，两侧子宫角不对称，孕侧子宫角稍增厚、质地松软，轻轻滑动可感到有胎囊，卵巢体积增加；60天，孕角为空角的1～2倍，子宫角垂入腹腔，可摸到整个子宫；90天，子宫垂入腹腔，孕角大如婴儿头，波动感明显，有时可触摸到胎儿。

（4）超声波检查法　利用超声波的物理特性，即其在传播过程中遇到母牛子宫不同组织结构出现不同的反射，来探知胚胎的存在、胎动胎儿心音和胎儿脉搏等情况来进行诊断的方法。使用牛用B超时用中指放在探头凹陷处，用拇指、食指、无名指、小拇指固定好探头，并呈锥子形，涂抹润滑剂贴着下直肠壁缓慢进入直肠；依次扫查右侧子宫角与卵巢，然后扫查左侧，扫查时探头移动速度要慢（图4-13、图4-14）。此法一般多在配种后1个月应用，过早使用准确性较差。

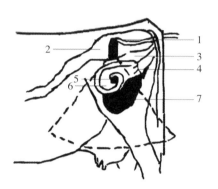

图4-13　B超检查示意

1.探头　2.母牛直肠　3.阴道　4.子宫体　5.卵巢　6.子宫角　7.膀胱

图4-14　牛用B超探测方法

55. 母牛流产的风险管理应考虑哪些因素？

母牛流产是指母牛妊娠中断或胎儿未足月就脱离子宫死亡。造成母牛流产的生理因素：①胎儿在妊娠中死亡；②母体体内生殖激素调节机能发生紊乱，母体失去保胎能力而引起流产；③子宫突然发生异常收缩而引起流产。引发流产的原因大致为饲料营养不足、饲料中毒、过冷刺激、疾病和管理不当等。

(1) 营养均衡　供给数量足、质量好的全价饲料。在摄入足量的蛋白饲料、能量饲料的同时，注意补充微量元素和多种维生素。特别是在2个月以内，胎儿在子宫内还呈游离状态，尚未着床，胎儿正由依靠子宫内膜分泌的子宫乳作为营养逐渐过渡到靠胎盘吸收母体营养，如果母牛饲料不足或饲料品质低劣，极易造成胚胎早期死亡。母牛在妊娠期的不同阶段对营养的需求不同，需要分阶段合理饲喂。严禁饲喂品质低劣、霉烂变质、冰冻、酸度过大和有毒的饲料。

(2) 加强饲养管理　禁止殴打母牛，防止拥挤、急速驱赶，阴道和直肠检查时动作要轻柔。母牛妊娠5个月以后要让母牛进行适当的运动，随时注意天气的变化，在过冷或者过热的天气条件下不适合放牧或者是运动。妊娠的最后一个月是比较关键的时期，避免走陡坡或者是崎岖的路，防止发生机械性流产。母牛群要合理分群。空怀母牛要与妊娠母牛分开饲养，实践证明，空怀时间越长，流产发生的概率越高，在生产中要注意控制妊娠牛及空怀牛的膘情，保持种用体况。要避免母牛发生热应激反应，需要做好夏季的防暑降温工作，保持牛舍适宜的温度、相对湿度，加强通风换气的力度，保持牛舍的空气新鲜，并定期消毒，以避免舍内有害菌大量滋生与繁殖。

(3) 严格执行兽医卫生防疫措施　防治严重影响母牛的传染病和生殖器官疾病。对布鲁氏菌病、胎儿弧菌病、毛滴虫病和钩端螺旋体感染等传染病，严格执行检疫、防疫注射和各项卫生措施。对感染生殖器官疾病的妊娠母牛应及时治疗。对出现流产症状的母牛，找到病因，采取及时、合理的治疗措施。

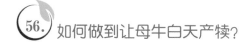

56. 如何做到让母牛白天产犊?

母牛产犊集中于4—5月，且多数在夜间，往往由于照料不足和产犊时间过长，造成产道感染，生殖道损伤等；同时，也易造成新生犊牛假死，孱弱或者感冒等症状的发生。白天产犊便于观察，有助于助产，也可避免冬天不良因素的影响。

（1）晚间饲喂　让牛夜间采食，可促进白天产犊。目前，普遍做法是让妊娠最后一个月的母牛在夜间采食，可促使70%以上的母牛在白天产犊。还可通过在母牛产犊前两周开始，把饲喂时间从下午5点，推迟到晚上9点，这样可使绝大多数犊牛在白天出生。

（2）药物法　在预产期的临产母牛，若发现其腹下水肿、乳腺肿大、阴门充血肿胀、尾根两侧凹陷明显时，可在下午4点时，给母牛肌内注射盐酸氨酶液300微克，晚上10点，再用同一种药物肌内注射220微克，这样母牛即可在第二天早上6—9点产犊。

57. 母牛难产时如何处置?

难产助产时必须遵守一定的操作原则，即助产时既要挽救母牛和胎儿，还要注意保持母牛的繁殖力，防止产道的损伤和感染。难产时若胎儿前肢和头部露出阴门，但羊膜仍未破裂，可将羊膜扯破。擦净胎儿口腔、鼻周围的黏液，让其自然产出。当破水过早、产道干燥或狭窄或胎儿过大时，可向阴道内灌入肥皂水，润滑产道，以便拉出胎儿。必要时切开产道狭窄部，胎儿娩出后，立即进行缝合（图4-15）。

（1）犊牛成活条件下难产处理　①胎位正、产力不足的难产处理。如果是顺产胎儿过大，母牛无力产出时，先用手掌粘一些润滑物质（食用菜籽油、肥皂水）润滑母牛产道，再用手紧紧握住犊牛两前肢，随着母牛努责，有节奏地将胎儿慢慢拉出。拉出胎儿后用碘酒涂擦其脐带头，以防发生脐炎。②胎位不正的处理。把母牛后躯垫高，润滑母牛产道，将胎儿露出部分送回，手入产道，纠正胎位，拉出来后送回去，重复3~4次即可。助产时注意，犊牛的蹄要和头一起出来，否则犊牛可能受伤。产出后的处理办法同上。

图4-15　母牛难产时的人工助产

(2) 犊牛已经死亡的难产处理　①在犊牛死亡时间不长、个体不是特别大时，实施人为牵引，用手握紧犊牛前肢将犊牛拉出；②在犊牛死亡时间稍长、个体偏大、通过牵引没法将其拉出时，可以手握刀片将犊牛在母体内肢解成小块，慢慢取出；③若是犊牛在母体内死亡时间过长、肢体僵硬，甚至犊牛在母牛体内发胀时，可以用手握住一根锋利的钢针，藏在手掌心，将手伸入母牛产道内，刺破犊牛肚腹，让犊牛体内物流出，缩小体积，然后将犊牛拉出。

(3) 特殊条件下采用剖宫产手术　在母牛个体小、产道狭窄，胎儿过大，母牛和胎儿健康状况良好，非手术人工助产无法产出胎儿时，才运用剖宫产进行紧急的外科手术。

58. 如何判断母牛分娩是否需要人为干预？

胎儿进入产道后，如果胎位正常，牛分娩力量充足，胎儿分娩进展明显时前期不要人为干预，但是胎儿分娩后要立即将其口鼻中的黏液清理干净。

如果出现下列几种情况，需要及时人为检查或给予帮助：

① 努责1小时还不见胎儿；② 破羊水后30 ~ 60分钟仍不见胎儿；③ 产力不足，产程较长，母牛时站时卧；④ 见蹄见嘴但是犊牛舌头变暗红色。检查后发现头颈侧弯，或是前肢腕关节屈曲导致两前肢伸展不齐，或是倒生的都要及时处理。检查发现头颈侧弯时需要将胎儿推进子宫后再重新拉出，越早进行越好。前肢腕关节屈曲时需要将弯曲的前肢拉直。发现倒生时需要在产道开好后，尽快进行人工助产，将胎儿拉出。复杂的倒生难产可以进行剖宫产手术。

59. 母牛产犊过程遭遇的伤病问题如何处置？

（1）产道损伤　阴门和会阴的损伤很容易缝合，应按一般外科方法处理。新鲜撕裂创口可用组织黏合剂将创缘黏合起来，也可用尼龙线按褥式缝合法缝合。缝合前清除坏死及损伤严重的组织和脂肪。如不缝合，延长愈合时间，容易造成感染，而且即使愈合后，形成的瘢痕也将妨碍阴门的正常屏障作用。对阴道黏膜肿胀并有创伤的患畜，可向阴道内注入乳剂消炎药，或在阴门两侧注射抗生素。若创口生蛆，可滴入2%敌百虫，将蛆杀死取出，再按外科处理。对于直肠末端的穿透创口，应在全身麻醉或硬膜外麻醉下迅速缝合。

（2）阴道脱出　即阴道壁的一部分或全部脱出于阴门之外。部分脱出时，病牛起立后能使阴道自行缩回，所以应注意使其多站立并取前低后高的姿势，以防止脱出部分继续增大。全部脱出时，保定好牛，用0.1%高锰酸钾清洗阴道，除去污物，如有破口进行缝合，再用3%明矾溶液反复冲洗并热敷阴道，待脱出部分收缩，体积变小后涂上四环素软膏，用拳头送回原位。最后于阴门裂两侧做双内翻缝合。针灸法：阴道脱出部分小且没有坏死直接针灸即可缩回，不需打针，配合口服补中益气散（灌服补中益气汤，处方为黄芪30克，白术30克，党参30克，升麻30克，陈皮25克，柴胡20克，当归20克，甘草15克。共为细末，整复后开水冲调，一次灌服，每天一剂，连用3天）。若脱出部分较大，先脱水处理，然后处理坏死部分再进行针灸。圆利针深度在10～12厘米之间，共五针。外阴上方两侧旁开1厘米位置，向前下方刺入，左右各一穴；肛门左右各一穴，向前下方刺入；肛门与尾根之间（后海穴）刺入一穴。留针20～30分钟。

（3）子宫脱出　子宫全部翻出于阴门外。先对病牛进行硬膜外腔麻醉，然后用0.1%高锰酸钾溶液冲洗脱出的子宫，再用2%明矾溶液冲洗，除去未脱离的胎衣，处理好伤口，将洗净的子宫用纱布或塑料布兜起，术者用圈顶住子宫末端。当牛不努责时，将其向前推送。也可用手从阴门两侧部分将子宫向产道内压迫推送，直至送入腹腔原位为止。这时要注入1 000～2 000毫升灭菌生理盐水，并牵遛母牛，利用液体的重力将子宫末端复位。整复子宫后按胎衣不下处理（参见问题60"常见的母牛繁殖疾病如何处置？"）。

（4）子宫内膜炎　器具消毒不到位，母牛外阴未清洗，装输精枪时习惯摸输精器的枪头等，易将病原微生物或者异物带到子宫，如果是轻微的，牛可以通过自身抵抗力消除影响，如果严重会引起子宫内膜炎。治疗有三种方法：①子宫冲洗，常用0.1%～0.3%的高锰酸钾溶液、0.1%～0.2%雷佛奴尔溶液、0.1%复方碘溶液、1%～2%等量碳酸氢钠溶液以及1%明矾溶液等；②子宫灌注，抗生素及消毒液冲洗排液后，用0.5%金霉素或青霉素、复方呋喃西林合剂或碘仿醚来灌注子宫；③应用子宫收缩剂，如垂体后叶素、氨甲酰胆碱、麦角制剂等。

（5）子宫颈或子宫内膜损伤　人工授精时注意不要用持输精器的手来回戳的方法通过子宫颈，不注意发挥握子宫颈的手的作用，操作用力过猛，动作粗暴，对子宫颈或子宫内膜造成损伤。治疗参见"产道损伤"。

60. 常见的母牛繁殖疾病如何处置？

（1）流产　若发现孕牛有流产先兆，可将母牛放在安静的牛舍内，减少外界不良刺激，同时给以安胎药，黄体酮皮下注射50～100毫升，阿托品皮下注射15～20毫克。如有出血，可给止血药，当胎儿死亡时，应采取排除胎儿的措施。流产后，对母牛给予营养丰富、易消化的饲料，牛床应干燥，并铺上软的垫草。

（2）难产　对产力微弱的母牛可以注射催产素进行催产，注意剂量和频次。对于产力正常、分娩迟缓的母牛可以进行人工助产，用绳子拴住犊牛前肢或后肢，顺着产道方向缓缓拉出胎儿即可。对于胎位异常的要先进行胎位矫正，然后再进行助产。对于因疾病造成的死胎要进行人工手术，分割后取出死胎，注意术前、术后消毒，以免感染。

（3）胎衣不下　初产母牛、老龄母牛发生胎衣不下的概率高。治疗时可一次静脉注射10%氯化钠250～300毫升、25%安钠咖10～20毫升，每天1次注入10%氯化钠1 500～2 000毫升，使胎儿胎盘脱水收缩，脱离母体胎盘。为了防止胎衣腐败，向子宫内注入土霉素或四环素2克，或金霉素1克，溶于250毫升蒸馏水中，一次灌注，隔天1次，常在4～6天自行脱落。胎衣排出后继续用药，直至生殖道分泌干净为止。也可采取手术剥离，在剥离前1～2小时，向子宫内注入10%氯化钠1 000～2 000毫升，便于剥离。在胎衣剥离后，子宫内应灌注抗生素类药物，防止感染。

（4）乳腺炎　通过肉眼观察触摸，可发现哺乳母牛乳房硬、肿、热、痛，母牛拒绝犊牛吃奶。对乳房要认真加强热敷按摩，使乳房下乳顺利，并适当增加挤乳1～2次，尽量挤清乳房中的乳汁。每个患病乳区，在挤乳后用无菌蒸馏水50～100毫升加入青、链霉素经乳导管注入，手及乳导管要仔细消毒，每天1～2次；注入后用手捏住乳头向乳房冲撞数次，使药物扩散，24小时后再挤乳，作第二次治疗。如有体温升高可肌内注射青、链霉素；若有大肠杆菌感染，可应用卡那霉素或新霉素，病情严重时可增加剂量。

（5）持久黄体　是指母牛妊娠后黄体或发情周期黄体超过正常时间而不消失。治疗办法：注射前列腺素$PGF_{2\alpha}$ 5～10毫克，一般注射1次即可奏效，如有必要可隔10 ～ 12天再注射1次。用促卵泡素（FSH）100 ～ 200国际单位肌内注射，如无效，隔2 ～ 3天再注射1次；氯前列烯醇注射液4毫克，肌内注射或子宫内灌注；人绒膜促性腺激素（HCG）1 000 ～ 5 000国际单位，肌内注射。

（6）黄体囊肿　同持久黄体检查周期和次数是一样的，若3次检查都存在多个葡萄串状的黄体或黄体体积大于平常，这就是黄体囊肿的表现。治疗办法：一次肌内注射氯前列烯醇0.6毫克左右。注射后3 ～ 4天就能发情，若4天左右没有发情现象，就需通过直肠检查其囊肿是否消退，如果没有应继续注射药剂。

（7）卵巢囊肿　病牛表现为发情次数多、频率快，发情周期变短、发情期延长、性欲旺盛、极度不安、食欲减退、频繁排粪尿。治疗方法：改进饲养管理条件，应用激素治疗，如可用促黄体素400 ～ 600微克，连用3 ～ 4天，或人绒毛膜促性腺激素静脉注射100 ～ 200国际单位，连续用药15 ～ 30天可恢复正常发情周期。若效果不明显，可静脉注射地塞米松10毫升×4支，连用4天，停药后检查牛的卵巢变化。

61. 为实现高产犊率应采取何种措施管理繁殖母牛群?

（1）科学饲养管理　严格根据母牛的营养需求提供适宜的营养。要保持母牛适宜的体况，进行合理的饲喂，保持母牛中等体况即可。在管理方面，要保证母牛有充足的运动，日常的管理要合理，加强妊娠期母牛的管理，防止发生流产。

（2）适时配种　适时配种是提高母牛繁殖率的重要措施。一般母牛在产后的第1 ～ 3个情期的发情排卵比较正常，也较易受胎，而超过3个情期配种，则易造成母牛配种受胎率降低，因此要做好母牛的发情鉴定工作，做到适时配种。在母牛配种后，还要做好早期的妊娠检查工作，做好未孕母牛的复配工作，这是提高母牛受胎率的重要措施。

（3）发情鉴定　养殖场的工作人员需做到及时检查母牛是否发情，并在发情后的4～18小时之内及时对母牛进行输精作业，避免错过最佳的配种时间。购置的冷冻精液需要进行活力检测，保证精液质量。

（4）妊娠诊断　母牛配种后30天进行检查。在确认母牛已妊娠后，需要对其进行单独饲养，并保证营养，每天进行2～3小时的运动与光照，母牛妊娠期间一定的运动量可以对胎儿发育起到促进作用，减少母牛难产风险。放牧期间避免对妊娠母牛进行驱赶，以防受到惊吓后相互碰撞。技术人员须对习惯性流产的母牛进行检查，若因产道疾病而终止妊娠的母牛可以采用高锰酸钾溶液清洗阴道后复配。对于没有妊娠的母牛要及时查找原因，采取相应措施进行补配，以减少空怀时间，缩短产犊间隔。

（5）提高配种技术　做好母牛的发情记录、每天的巡查工作、母牛的发情鉴定工作，对于发情异常或者不发情的母牛要及时地检查和治疗。做好消毒工作，避免造成生殖器官感染，影响其繁殖率。在配种前要做好母牛的发情鉴定，确定最佳的配种时机。

（6）控制产犊期　安排好母牛的配种和产犊，不但可以协调养殖生产，使牛舍和设备得到充分合理的使用，还可以有效地提高母牛繁殖率。控制好母牛的产犊期对于提高母牛的繁殖率很重要。因此，肉牛养殖场需要合理地安排养殖场的繁殖计划。

（7）做好疾病预防　做好母牛各项疾病的预防工作，尤其是与繁殖系统相关的一些疾病对于提高母牛的繁殖率非常重要。除了要加强日常的饲养管理外，还要做好母牛产后的护理工作和饲养工作，以促进母牛体质和生殖器官的快速恢复，从而防止母牛患病。

62. 肉用公牛配种良好程度检验包括哪些内容?

公牛配种良好程度检验（Breeding soundness exam，BSE）是一项重要的繁殖管理工作，通常在购买前、育种前和诊断时进行检查。主要内容包括一般的身体评估和详细的繁殖指标检查。评估中根据记录的相关信息，预测公牛种用价值，前期的疾病或受伤的情况也会影响公牛的繁殖表现或寿命。繁殖指标检查中精液的评估主要有运动性能和形态学检查。记录的精液评估数据可用于预测未来趋势，并以此来对种公牛进行分类（合格、不合格以及再检验）。另外需要进行综合性检查，内容包括口腔健康、视力、呼吸道健康、体型、蹄健康、运动和体况评分。表4-2总结了繁殖性状检查中重要的参数和可能发现的异常情况。其他检查：其他可能影响公牛繁殖能力的因素包括性欲程度、关节炎、神经肌肉疾病或因受伤或衰老导致的阴茎不敏感。

表4-2　肉用公牛配种良好程度检验

繁殖系统	评估参数	异常情况
睾丸	大小，轮廓，匀称，位置，移动	发育不全，退化，睾丸炎，睾丸下降不完全，隐睾，粘连
附睾	大小，轮廓	附睾炎，精子肉芽肿，发育不良，萎缩
阴囊	周长，形状，上皮状况	过多的脂肪组织，粘连，疝气，冻疮
腹股沟环	尺寸，	疝气
壶腹	大小，轮廓	畸形（少见）
精囊腺	大小，匀称，轮廓	精囊腺炎
前列腺	大小，轮廓	畸形（少见）
包皮	长度，外翻程度，上皮状况	撕裂，粘连，脓肿，冻疮
阴茎	勃起，龟头，上皮状况	血肿(骨折)，粘连，异物，偏差，撕裂，不敏感

资料来源：引自 WH Ayars，2006。

63. 配种季前的公牛如何管理?

（1）成熟的公牛配种前8 ～ 10周应加强饲养（精子从产生到

成熟需8～10周)。在非配种期,公牛食欲增强,因此需要在非配种期给足草料,使其尽快抓膘复壮,可根据公牛膘情适当投喂精饲料;适时接种疫苗,并进行育种评估。

(2)公牛精液和繁殖能力检查应于配种季节前2周进行,以便在配种以前查出不育公牛和明显低受精力的公牛,及早更换。

(3)运动要求上、下午各1次,每次1～2小时,行走距离为3～5千米。运动的方式有旋转架运动、钢丝直线运动等。对于烈性种公牛,牵引应选择双绳牵导的方式。

(4)做好睾丸及阴囊的定期检查和护理。种公牛睾丸的最快生长期是6～14月龄,此时应加强营养和护理。为了促进公牛睾丸发育,除注意选种和加强营养以外,还要经常为其进行按摩和护理,每次5～10分钟,并保护阴囊的清洁卫生,定期进行冷敷,以改善精液质量。

(5)为了改善公牛的体温调节机制,要经常清除牛体上的污物,使之保持清洁。特别要注意清除角基、额部、颈部等处的污垢以免发痒顶人。牧场应当安装可移动的自动化淋浴设施或设置药浴池,以便牛体定期淋浴及驱虫。

(6)防暑降温,并注意防止牛蝇的侵袭和干扰。

放牧条件下,尽可能做到以上要求,如果不能,至少要做到专人管理,补饲精饲料,做好生殖器官护理,定期修蹄。

64. 配种季的公牛如何管理?

(1)管理原则 公牛管理要设专人管理,不能随意更换饲养管理人员;不可粗暴对待公牛,以免其伤人;对公牛一定要耐心调教,和蔼对待,驯养为主。

(2)饲养环境 保持牛舍的环境卫生和适宜的温度;合理的通风换气,勤换垫草垫料,避免牛舍过于潮湿;定期对牛舍进行全面的消毒。

(3)运动 养殖场要设有专门的运动场供公牛运动,对于没有条件的养殖场，要每天驱赶公牛在圈内运动，保证种公牛上午、下午各运动 1 次，每次 1.5 ～ 2 小时，行走 4 ～ 5 千米。

（4）睾丸护理　对睾丸经常进行按摩护理，每次 5 ～ 10 分钟，保持阴囊的清洁卫生，夏季可进行冷敷。

（5）配种和采精管理　公牛到了配种期要注意合理的采精，根据公牛的年龄、体质等合理安排采精的频率，一般在 18 月龄时开始采精，在刚开始时可每隔 10 ～ 15 天采精 1 次，以后可增加至每隔 3 ～ 4 天采精 1 次。采精频率还要根据季节的变化合理安排，夏季可每周采精 1 次，并在早上或者傍晚较为凉爽时进行，冬春季节可每周 2 ～ 3 次。采精不宜过于频繁，否则会导致采精量下降，精子密度降低，导致死精和畸形精子的数量增多。

（6）修蹄　春秋两季各削蹄 1 次，校正蹄形。

（7）刷拭　应每天定时进行刷拭，清除牛体的污物，保持牛体清洁，促进血液循环，增强体质，保持旺盛的性欲，减少体外寄生虫病。

（8）合理利用　公牛在 3 ～ 4 岁时精液的质量最佳，5 岁以后繁殖机能则开始下降，要采取一定的方法提高繁殖性能，延长使用年限，对于繁殖性能不佳的公牛要及时淘汰。

此外，放牧条件下，应注意公母牛比例，并且注意轮换。

65. 配种季过后公牛如何管理？

配种季一旦结束，一般会把青年公牛和成年公牛分开饲喂，以恢复公牛体重，为下一个配种季做好准备。对于配种后体况良好的公牛，在冬季时，根据情况适当调整日粮成分，由高质量的禾本科－豆科干草、块茎（最好是胡萝卜）以及少量的青贮和半干青贮组成，并以体重的 2% 饲喂，以保持公牛良好的身体状况。青年公牛由于还处于发育阶段，在配种季，青年公牛体重减少和体况下降比较明显，因此需要评估青年公牛的状况，使其在下一个繁殖季节开始时处于中等状况。

根据配种后体重减轻程度合理安排日粮,包括青贮、干草、矿物质和维生素等。青年公牛还需要预防体内和体外的寄生虫感染。确保公牛有足够的运动,每天最少运动2次,分别为上午和下午各1次,每次1.5小时左右。保证畜舍卫生。做好公牛的日常护理。按时对公牛进行身体状况评分、精液质量评估。控制好公牛的膘情,做好疫情防控和驱虫,及时淘汰利用年限久的公牛。

 66. 影响母牛受孕率的因素有哪些?

(1) 营养因素 当牛处于营养缺乏的状态或营养过剩时,可能会出现卵巢静止和排卵障碍,进而影响牛的受孕率。缺乏维生素会引起母牛不发情、屡配不孕、流产、死胎、胎盘滞留。饲粮中粗纤维含量不足、精饲料过多会导致母牛出现严重的代谢性疾病,母牛在分娩过程中很容易出现难产、胎衣长时间不下等情况。

(2) 季节因素 季节、环境温度对牛的生产有重要影响,冬季和早春季,牛的受胎率显著高于其他季节,夏季易出现热应激影响牛的新陈代谢和内分泌平衡,导致黄体生成素和促卵泡生产激素分泌不足,造成排卵推迟、卵泡的发育迟缓以及卵泡发育异常,从而影响受精。

(3) 管理因素 ①小规模的家庭养殖往往会出现不合理的杂交和无序乱交的行为,使牛的生产能力逐渐下降、受胎率下降、养殖周期延长;②人工授精过程中的操作、输精时间、输精部位等因素均会造成受胎率降低;③好的环境卫生可以降低牛患病风险,减少乳腺炎等疾病的发生,减少牛应激,间接提高母牛的受孕率。

 67. 什么性质的母牛场适宜推广胚胎移植技术?

胚胎移植技术俗称"借腹怀胎"。胚胎移植技术在加速品种改良、扩大良种畜群方面有重要的作用。因此,肉牛产业生产中,在种畜场利用胚胎移植技术，可以快速地繁育高生产性能的后代。另外，胚胎移植技术可以高效地解决育种场跨区域引入新品种的问题，提高牛群整体生产水平，解决优良种畜不足等问题。

对于繁育场，也可以通过胚胎移植技术，引入生产性能较高肉牛个体的胚胎，高效地利用优秀母牛的繁殖遗传潜力。将具有优良性状产肉性能良好的母体的繁殖能力大大升高，可以在较短的时间内获得更多具有更高产肉性能的仔畜，这对于肉牛种畜繁殖能力的提升，以及遗传改良具有重要意义。

胚胎移植技术同样也存在供体再利用、胚胎回收率低、配套技术（性控技术等）较难、技术人员缺乏等问题，因此一般没有特殊目标的牛场很少应用胚胎移植技术。

五、营养管理篇

68. 营养与管理的经济学意义有哪些?

（1）提高营养物质转化为动物产品的效率，加上积极的管理措施，很多情况下能保证动物最大限度地摄入营养物质，进而提高动物的生产性能。

（2）通过降低饲料成本和饲养管理投入，为养殖业持续发展提供理论依据。

（3）研究饲料利用率和饲料产品的质量与饲养学措施，可减少养殖业造成的环境污染。

69. 如何制订肉牛场的营养管理计划?

制订肉牛场的营养管理计划应考虑以下几个因素：

（1）根据当地的饲料资源状况制定合理的精饲料和粗饲料的全年供应方案。依据实际生产的类型、规模和水平，精粗饲料的供应必须有一定的缓冲期，防止因天气、疫情、原料价格等因素影响肉牛的正常生产活动。

（2）必须了解饲料营养物质组成和肉牛营养需要，以确保配制成本低、效益高的饲粮，满足最佳动物生产性能的营养需要。根据气候条件，诸如风速和降水量来调整日粮，是确保在多种气候条件下获得肉牛每年最佳生产性能的关键。

（3）母牛群的营养管理包括将可利用的饲料资源和动物的需要合理匹配。为了最经济地使用可利用饲草料资源，饲养企业应根据动物的营养特点和牧草的质量确定饲养方案，放牧牛群则可根据需要进行补饲，对即将要加入配种群的后备青年母牛不进行补饲，避免影响母牛的泌乳性能。

（4）育肥牛群的管理需要根据饲养体系确定饲养方案，包括集约饲养体系和粗放饲养体系。对刚断奶和新引进牛应额外制定营养管理方案，以降低死亡率。

70. 肉牛需要哪些营养素?

肉牛生长发育和增重所需营养物质或营养素主要包括：能量、水、碳水化合物、蛋白质、脂类、维生素和矿物质，各营养物质对肉牛的生长发育、生命活动、增重及繁殖等方面都起着重要的作用，如果缺乏或者不足都会对肉牛产生不良的影响。

71. 为什么肉牛营养需要量标准非常重要?

肉牛营养实际上是一种化学和生理学过程，肉牛通过此过程来维持机体生长、繁殖和泌乳，并生产人们所需要的产品。肉牛虽然具有某种固有的遗传潜力，但是，这些遗传潜力要转化为重要的经济性状，在很大程度上要取决于动物所处的环境。营养则是该环境的一个重要组成部分，肉牛营养需要量是否得到满足，是其最大限度发挥遗传潜力的保障。因此，必须了解肉牛营养需要量的标准，才能在生产过程中根据需要制定相应的饲喂策略。

72. 肉牛不同品种和不同生理阶段的营养需要量如何计算?

体重大小和最终成年体重的差异都会影响肉牛的营养需要量。美国国家科学研究委员会（NRC）采用了一种标准的参比绝食体重方法，该方法将具有特定膘情的任何最终体重（BW）的牛与一种中等体型的阉牛相比较，进而计算它们的营养需要量。

73. 成年母牛12个月繁殖期的营养需要量是怎样规定的?

成年母牛的营养需要和胎儿的生长有着直接关系。妊娠母牛在整个孕期可分为三个阶段，即妊娠初期、妊娠中期和妊娠后期。在妊娠初期，胎儿的生长发育较为缓慢，妊娠母牛对营养的需求一般以维持自身所需即可，对营养的需要量较少，如果饲喂过度反而对母牛的健康以及胎儿的生长发育不利。这一阶段的母牛按照空怀期的标准即可。可进行适当的限饲，保持母牛中等膘情（体况评分4～6分）即可，使胚胎能够顺利着床。

胎儿的增重主要在妊娠中期，需要从母体供给大量的营养。若胚胎期胎儿生长发育不良，出生后就难以补偿，造成增重速度减慢，饲养成本增加。妊娠前6个月胚胎生长发育较慢，胎儿各组织器官处于分化形成阶段，营养上不必增加需要量，但要保证日粮的全价性。应以优质青干草及青贮饲料为主，添加适当的精饲料和青绿多汁饲料，尤其是满足矿物质元素和维生素A、维生素D、维生素E的需要量。这时体况评分应该保持在5～7分。

妊娠最后2～3个月胎儿增重加快，胎儿的骨骼、肌肉、皮肤等生长最快，需要大量的营养物质，其中蛋白质和矿物质的供给尤为重要。如营养不足，就会使犊牛体高增长受阻，身体虚弱，这样的犊牛初生重小、食欲差、发育慢，而且常易患病。尤其在妊娠最后3个月，胎儿的增重占犊牛初生重的75%以上。同时，母体也需要贮存一定的营养物质，以供分娩后泌乳所需。因此，体况评分应保持在5～7分，饲养上应增加精饲料量，多供给蛋白质含量高的饲料。对于放牧的妊娠母牛，应选择优质草场，延长放牧时间，放牧后对妊娠后期的母牛每天补饲1～2千克精饲料。分娩前母牛饲养应采取以优质干草为主，逐渐增加精饲料的方法，对体弱的临产牛可适当增加喂量，对过肥的临产母牛可适当减少喂量。分娩前2周，通常喂混合精饲料2～3千克。分娩前7天，可酌情多喂些精饲料，其喂量应逐渐增加，但最大喂量不宜超过母牛体重的1%，这有助于母牛适应产后泌乳和采食的变化。分娩前2～8天，体况评分应保持在6～7分，精饲料中要适当增加麸皮含量，以防止母牛发生便秘。

母牛的妊娠期平均为280天，变动范围一般在270～285天之间，预产期的推算方法为月加9，日加6。

母牛繁殖周期（妊娠前期、妊娠中期和妊娠后期）所需营养如下：

（1）妊娠前期　从受胎到妊娠2个月之间的时期为妊娠前期，此期营养需要较低，重点是做好保胎工作。混合精饲料日喂量1～1.5千克。

（2）妊娠中期　妊娠2～7个月的时期为妊娠中期，重点是保证胎儿发育所需要的营养。混合精饲料日喂量1.5～2千克。

（3）妊娠后期　妊娠8个月到分娩的时期为妊娠后期，此期营养需要较高，不得少于确保胎儿快速发育所需要的营养。混合精饲料日喂量不少于2千克。分娩前最后1周内精饲料喂量减少一半。

此外，妊娠后应做好保胎工作，注意母牛安全，预防流产或早产。妊娠牛要与其他牛分开，单独组群饲养；要保证母牛有充分采食青粗饲料的时间；饮水、光照和运动也要充足，每天需让母牛自由活动3～4小时，并保持牛体清洁。

74. 母牛孕期最后3个月如何制定营养平衡方案？

母牛孕期最后3个月即妊娠后期，是指妊娠26～38周龄的阶段，这一阶段是胎儿发育的高峰，此时母牛对营养的需求量开始增加，除了要满足自身的需求外，还要额外补充营养以满足胎儿的快速生长发育，同时还要为产后泌乳做好营养的贮备。胎儿吸收的营养占日粮营养水平的70%～80%。这一阶段要保证母牛有合理的增重，通常母牛在分娩前的体重增加40～70千克才能保证产后体质得到很好的恢复以及保证正常的泌乳，还要注意日粮中的营养水平，尤其是蛋白质、矿物质以及维生素的含量。对中等体重的妊娠母牛，除供给日常饲粮外，每天需补加1.5千克精饲料，但不可将母牛喂得过肥，以免影响分娩。

由于胎儿增大挤压了瘤胃的空间，使母牛对粗饲料的采食相对降低，故补饲的粗饲料应选择优质、消化率高的饲料，水分较多的饲料要减少用量。舍饲时母牛精饲料每头日喂量为2～2.5千克。38周龄开始，根据母牛的膘情适当减少精饲料用量，多汁饲料要减量，主要提供优质的干草和精饲料。每天保证母牛有3～4小时的运动。

 75. 青年母牛孕期的营养需要量如何规定？

对于青年母牛即初次怀孕的母牛，要加强饲养，但不要喂得过肥，以防发生难产，根据其原来膘情确定日增重，肋骨较明显的为中等膘，日增重可按600克饲喂，一般以看不到肋骨为理想。青年母牛孕期应以优质干草、青干草、青贮饲料作为主要饲料，精饲料可少喂或不喂。到妊娠后期由于体内胎儿生长快速，则须补充精饲料，日饲喂量为2～3千克，以保证母牛顺利产犊。

（1）妊娠前期（妊娠前3个月） 此期要及时进行直肠检测，配种28天后可采用超声波做早期妊娠诊断，没有条件的牛场，须在配种后的60天做妊娠检查，便于分群饲养。妊娠前期供给干物质8～9千克，精粗饲料比为20：80，精饲料补充料为1～2千克/头。

（2）妊娠中期（妊娠4～6个月） 按每头牛每天供给干物质9千克，精粗饲料比为25：75，精饲料补充料为2～2.5千克/头。

（3）妊娠后期（妊娠7个月至分娩） 每头牛每天干物质采食量为9～10千克，精饲料补充料为2～3千克/头。根据母牛体况，适当调整精饲料饲喂量。原则上不喂酒糟；不能喂冰冻、发霉饲料；以饮温水为宜。做好保胎，防止母牛饲养密度过大发生拥挤，造成流产；提前做好产房的消毒和通风干燥；临产前15～20天进入产房，单独分群管理，注意观察，保证安全分娩。

 76. 不同体型公牛生长育肥的营养需要量如何规定？

肉牛不同品种按体重大小可大致划分为大体型（如夏洛莱牛、

西门塔尔牛)、中体型(安格斯牛、秦川牛)和小体型(南方黄牛)三种,肉牛的营养需要根据其生长规律,将整个生长过程划分为生长期和育肥期,不同时期肉牛营养不同。

公牛生长期由于营养水平高,各器官发育较快,应保证营养物质的充足供给,特别是蛋白质、矿物质和维生素。一般该期日粮粗蛋白质含量为14%~16%,总可消化养分为68%~70%,精饲料采食量控制在肉牛体重的0.8%~1.2%。

育肥期的营养特点是低蛋白高能量,以满足生产优质牛肉的需要。育肥前期,应采取限制饲养方法,使肌肉限度生长,精饲料控制在体重的1.5%~1.7%,粗饲料自由采食,一般占总采食量的35%~40%,青贮饲料占日采食量的24%~28%。育肥后期,所有饲料均自由采食,特别应增加精饲料喂给,此期精饲料采食量一般占肉牛体重的1.8%左右,粗饲料采食量占日采食量的30%~35%,日增重0.7~0.8千克,以便加快肌内脂肪沉积的速度,改进牛肉风味,增加优质牛肉产量。

大体型公牛由于生长速度较快,营养需要在NRC饲养标准的基础上,能量和蛋白质水平可提高1~2个百分点,后期精粗饲料比提高到80%以上,重点提高产肉效率。中体型公牛营养需要在NRC饲养标准的基础上,结合当地粗饲料资源,重点提高肉品质。小体型公牛营养需要在NRC饲养标准的基础上适当降低能量和蛋白水平,结合当地粗饲料资源,重点降低饲料成本和提高牛肉肉质和风味。

77. 不同体型阉牛生长育肥的营养需要量如何规定?

在同样的饲养条件下,以公牛生长最快,阉牛次之,在育肥条件下,公牛比阉牛的增重速度高10%,这是因为公牛体内性激素——睾酮含量高的缘故。公牛比阉牛、母牛具有较多的瘦肉,较高的屠宰率和较大的眼肌面积;而阉牛胴体则有较多的脂肪。用于生产"雪花牛肉"(高脂牛肉)的牛一般要求是阉牛。因此,阉牛育肥营养需要在NRC饲养标准的基础上，育肥后期可适当提高能量水平，同时降低蛋白水平。大体型阉牛营养需要在NRC饲养标准的基础上，能量水平可提高2个百分点，后期精饲料可提高蒸汽压片玉米比例，在增加产肉量的同时，更好地形成大理石花纹，重点提高高档肉的比例。中体型阉牛营养需要按照NRC饲养标准。小体型南方黄牛营养需要在NRC饲养标准的基础上，能量水平可降低2个百分点。

 78. 青年母牛育肥的营养需要量如何规定？

青年母牛的育肥一般分为适应期、生长期和育肥期三个阶段：

（1）适应期　一般要有1个月左右的适应期。应让其自由活动，充分饮水，饲喂少量优质青草或干草。

（2）生长期　一般7～8个月，分为前、后两期。前期以粗饲料为主，精饲料每天每头饲喂2千克左右；后期粗饲料减半，精饲料增至每天每头饲喂4千克左右，自由采食青干草。

（3）育肥期　一般为2个月。此期主要是促进牛体膘肉丰满，沉积脂肪，日喂混合精饲料4～5千克，粗饲料自由采食。

 79. 荷斯坦公牛生长育肥的营养需要量如何规定？

荷斯坦公牛属于大体型品种，在养殖过程中应由过去的"犊牛培育期－架子期－育肥期"传统养殖模式改变为："犊牛培育期－直线育肥"的方法。荷斯坦公牛可以不拉架子，直接进入育肥期，采取分阶段育肥技术。通过调整不同体重阶段奶公牛日粮营养水平来提高奶公牛的生产性能。建议荷斯坦公牛短期育肥的适宜营养水平：前期日粮营养水平（DM）：消化能（DE）12.8～13.1兆焦/千克，粗蛋白质14%～15%，钙0.43%，磷0.27%，精粗饲料比50∶50。后期日粮营养水平（DM）：消化能13.1～13.35兆焦/千克，粗蛋白质13%～14%，钙0.40%，磷

0.25%，精粗饲料比60：40。

80. 荷斯坦阉牛生长育肥的营养需要量如何规定？

一般来说，与其他肉用品种阉牛相比，荷斯坦阉牛的增重速度较快，获得每千克体重所需要的饲料也较少。然而，当以消耗单位能量所获得的增重来衡量时，以荷斯坦为代表的阉牛生产效率要低于肉用品种阉牛。同时，与肉用阉牛相比，荷斯坦阉牛的屠宰率较低。因此，在饲粮设计时，荷斯坦阉牛蛋白质含量应更高于肉用品种阉牛。表5-1为生长－育肥荷斯坦阉牛的营养成分示例，该表不特指具体的饲料原料和体重。

表5-1　生长－育肥荷斯坦阉牛的营养成分示例（100%干物质）

营养物质	培育期	生长期	育肥期
粗蛋白质（%）	17.00	13.50	12.00
维持净能（兆焦/千克）	5.86	6.79	8.65
增重净能（兆焦/千克）	8.65	5.12	6.14
钙	1.00	0.77	0.77
磷	0.33	0.33	0.33
钾	1.10	0.80	0.80
粗纤维最高值（%）	35.00	12.50	7.50

资料来源：姜成钢，张辉主译，《畜禽饲料与饲养学（第5版）》，2006。

81. 青年母牛育成阶段的营养需要量如何规定？

青年母牛育成阶段应供给足够的营养物质，除饲喂优质牧草、干草和多汁饲料（必须具有一定的容积，以刺激牛前胃的生长发育）外，还必须适当补充一些精饲料。从9～10月龄开始，可掺喂一些秸秆和谷糠类，其分量占粗饲料（干草）的30%～40%。11～15月龄，此阶段牛消化器官容积更加扩大，为了促进消化器官的进一步发育，日粮应以粗饲料和多汁饲料为主，其比例占日粮总量的75%，其余25%为混合精饲料，以补充能量和蛋白质的不足。15～18月龄，此期正是牛交配受胎阶段，生长发育较缓慢。一方面，对这阶段的育成母牛营养水平不宜过高，以免牛体过肥，造成不孕或影响胎儿发育和正常分娩；另一方面，也不可喂得过于频繁，应以品质优良的干草、青草、青贮饲料和块根类作为基本饲料，少给精饲料。

 82. 新入场架子牛的营养需要量如何推荐？

新入场的架子牛在运输过程中会受到应激和缺水缺料的影响，且从最初的农场到新目的地的过程中，随着运输时间的延长和混群次数的增多，体重较轻的架子牛患病风险会增大。实施合理的营养程序管理，可帮助架子牛提高免疫水平、尽快从应激中恢复，以及发挥正常生产性能。

新入场的前2周内，应提高架子牛饲料的营养物质浓度，这样即使采食量低，也能满足其营养需要。对于体重250千克的架子牛，推荐的营养成分供给量（干物质基础）见表5-2。

表5-2　应激架子牛推荐的营养成分供应量（100%干物质）

营养成分	推荐范围	250千克架子牛营养物质摄入量	
		0～7天	8～14天
干物质	80.0%～85.0%	3.88 千克	4.75 千克
粗蛋白	12.5%～14.5%	0.48～0.56千克	0.59～0.69 千克
维持净能	5.44～6.70兆焦/千克	21.10～26.00兆焦	25.87～31.81兆焦
增重净能	3.35～3.77兆焦/千克	12.98～14.61兆焦	15.91～17.92兆焦

资料来源：孟庆翔，周振明，吴浩主译，《肉牛营养需要（第8次修订版）》。2018。

83. 断奶前犊牛采用颗粒料补饲的营养需要量如何推荐？

参照NRC（2016）制定的犊牛颗粒料营养成分参数值，如表5-3所示。

表5-3 颗粒料营养成分指标（风干基础）

营养成分	指标	营养成分	指标
粗蛋白质	16.0%	磷	0.5%
脂肪	2.5%	维持净能（NEm）	77兆卡/百磅
钾	0.7%	增重净能（NEg）	48兆卡/百磅
钙	0.6%		

资料来源：孟庆翔，周振明，吴浩主译，《肉牛营养需要（第8次修订版)》，2018。

除以上成分，颗粒料中还应含有微量元素和维生素，推荐浓度见表5-4。

表5-4 微量元素和维生素推荐量

营养物质	推荐浓度
钴	0.10毫克/千克
铜	10毫克/千克
锰	40毫克/千克
锌	40毫克/千克
碘	0.25毫克/千克
硒	0.30毫克/千克
维生素A	3 844国际单位/千克
维生素D	607国际单位/千克
维生素E	40国际单位/千克

资料来源：孟庆翔，周振明，吴浩主译，《肉牛营养需要（第8次修订版)》，2018。

84. 肉牛常用的谷物类饲料有哪些？营养特点如何？

肉牛常用的谷物类饲料原料多来自禾本科植物，主要包括小麦、玉米、燕麦、大麦和高粱等（图5-1）。其中，以玉米为主要来源，在价格和货源允许的情况下，可使用小麦和燕麦等。

图5-1　谷物类饲料

饲用谷物的粗蛋白质含量相对偏低（大部分在8%～14%），脂肪含量差别很大，从低于1%到高于6%的都有。除了谷壳外，谷物中的碳水化合物主要是淀粉，但不同谷物淀粉的化学组成有一定差别。谷物籽粒细胞壁和外壳中的主要成分是纤维素，与谷物（如玉米）表面的蜡质一样，谷物外壳所含的木质素降低了其利用价值。

就矿物质而言，谷物含钙量普遍偏低，含磷量虽高，但多以植酸磷复合物的形式存在，谷物中的微量矿物质含量通常处于临界值。就维生素而言，大部分谷物是维生素E的良好来源，B族维生素和维生素D的含量较低，谷物加工副产品中的B族维生素和维生素E的含量则较高。除黄玉米外，谷物的胡萝卜素含量较低。尽管谷物的消化率可能受到谷物品质的变异性等因素的影响，但一般来说，谷物的消化率较高。

85. 谷物蒸汽压片对肉牛育肥饲养有哪些好处？

谷物蒸汽压片（图5-2）是指谷物在蒸汽调制器内接受15～30分钟的蒸汽处理，使其水分含量上升到18%～20%，随后谷物在表面经拉丝处理有波纹状的对辊之间进行压制，形成平

图5-2 蒸汽压片玉米

展的薄片的过程。自20世纪60年代以来，谷物蒸汽压片方法就已经在肉牛育肥场广泛使用。蒸汽压片能提高谷物饲料饲喂价值12%～15%，且谷物压得越薄，淀粉的活体外消化速度就越快。蒸汽压片能够有效破坏谷物淀粉颗粒，使产品的物理质地更为理想。大量试验和生产实践均表明，蒸汽压片较其他谷物加工方法能够更有效地提高牛的生产性能。

总之，谷物蒸汽压片能够显著提高谷物淀粉和其他一些成分在肠道内的消化率，改善养分在肠道内的分配和吸收，从而使母牛的泌乳性能和肉牛的胴体品质得以改善。另外，蒸汽压片还能够增加肠道对氮的吸收，降低氮的排放量，减少对环境的污染。

86. 肉牛常用的副产品类饲料有哪些？营养特点如何？

肉牛常用的副产品类饲料主要有5类，分别为糠麸类饲料、薯粉类饲料、糖蜜、饼粕类饲料及糟渣类饲料，其营养特点分别如下（营养成分含量无特殊说明，均为干物质基础）：

（1）糠麸类饲料　属于谷物加工副产品，主要包括小麦麸皮和稻糠以及其他麸糠。其共同特点是除无氮浸出物含量（40%～62%）较少外，其他各种营养成分均较高。粗蛋白质含量15%，有效能值低，约为谷实饲料的一半。钙少磷多，富含B族维生素，胡萝卜素及维生素E较少。

（2）薯粉类饲料　从营养价值考虑，属于能量饲料，主要有甘薯、马铃薯、木薯。

（3）糖蜜　包括甘蔗糖蜜、甜菜糖蜜、柑橘糖蜜及淀粉糖蜜，主要成分为糖类，蛋白质含量较低，矿物质含量高，维生素含量低，水分含量高，能值低，具有轻泄作用。

（4）饼粕类饲料 为油料籽实制油后的副产品，蛋白质含量普遍较高。

（5）糟渣类饲料 如酒糟、醋糟、豆腐渣、酱油渣及粉渣。豆腐渣、酱油渣及粉渣粗蛋白质含量在20%以上，纤维含量低，但水分含量高，不易保存，容易霉变和被腐败菌污染。酒糟蛋白质含量在19%～30%，粗脂肪和B族维生素也较丰富，但含有一些酒精，妊娠母牛不建议使用。

87. 肉牛常用的蛋白质饲料有哪些？营养特点如何？

肉牛常用的蛋白质饲料及其营养特点如下：

（1）植物性蛋白质饲料

①油料籽实饼粕

A.大豆饼粕 蛋白质含量在44%～50%（风干基础），其适口性好，消化率高，能量价值高（图5-3）。

B.棉籽饼粕 蛋白质含量约为41%，有时候也有粗蛋白质含量为44%、48%的产品（图5-4）。棉籽饼粕中胱氨酸、蛋氨酸和赖氨酸含量较低，钙和胡萝卜素含量也较低，对反刍动物适口性较好。棉籽中含有棉酚，棉酚对犊牛具有较强的毒性，棉籽中大部分是游离棉酚（易除去），但是游离棉酚经加热处理后可形成各种复合物，导致赖氨酸利用率降低。

图5-3 大豆饼粕

图5-4 棉籽饼粕

C.向日葵籽饼粕　去壳后蛋白质含量在50%左右，缺乏赖氨酸，否则其营养价值和大豆饼粕相当。

D.亚麻籽饼粕　蛋白质含量较低，约为35%，且缺乏赖氨酸，含有少量的氢糖苷（产生有毒的氢氰酸）和抗吡哆醇因子。

E.菜籽粕　蛋白质含量为41%～43%，氨基酸组成良好，赖氨酸含量比大豆饼粕低，蛋氨酸含量高于大豆饼粕，适口性比大豆饼粕差。

②谷物加工副产品类蛋白质饲料　粗蛋白质含量在20%及以上的玉米麸类包括玉米蛋白饲料、玉米蛋白粉和湿法加工生产的浓缩发酵玉米提取物（玉米浆），以及湿法或干法加工的玉米胚芽饼。高粱或者小麦等其他谷物加工过程，也可产生类似产品。各种不同产品的加工副产品蛋白质饲料和相应谷物本身的蛋白质有一定的相似性，通常赖氨酸或者色氨酸是第一限制性氨基酸，但含硫氨基酸含量高。

③啤酒糟和酒精糟

A.啤酒糟　蛋白质含量在26%～29%，赖氨酸和蛋氨酸是啤酒糟的第一限制性氨基酸，色氨酸含量高，B族维生素含量丰富（图5-5）。

B.酒精糟　纤维含量较高（11%～13%），蛋白质含量为27%～29%，B族维生素含量高，且氨基酸组成较为平衡，磷和硫含量较高，微量元素硒浓度高（营养成分含量无特殊说明，均为干物质基础）（图5-6）。

图5-5　啤酒糟

图5-6　含可溶物的谷物干燥酒精糟

（2）非蛋白氮　非蛋白氮化合物含氮，但它不由氨基酸组成。有机非蛋白氮化合物包括氨、尿素、酰胺、铵、氨基酸和一些多肽。无机非蛋白氮化合物包括很多盐，如氯化铵、磷酸铵和硫酸铵。配合饲料中的非蛋白氮主要指尿素，或者用量较少的双缩脲和磷酸铵等化合物。

88. 合理利用尿素可以节约肉牛蛋白质饲料吗？

合理利用尿素可以节约肉牛蛋白质饲料。因为尿素能够迅速被水解成氨和二氧化碳，而氨又能被瘤胃微生物整合进入微生物蛋白质，然后供肉牛利用，因此尿素是最廉价的粗蛋白质饲料资源。然而，尿素对动物有毒性，要注意饲喂量及时间。饲料中含有充足的易发酵碳水化合物时，尿素才能用作反刍动物的氮源，也就是说在这种情况下，尿素才能形成微生物蛋白。只要肉牛管理良好、饲料配方和配制方法得当，尿素就能为肉牛提供大量的补充氮源。

生产实际中，尿素只能供6月龄以上且断奶的肉牛使用，泌乳期禁用。实际饲粮中尿素推荐用量为：尿素提供的氮量不能超过总氮水平的1/3，超过这一水平可能导致饲料适口性降低，导致肉牛采食量下降，且过量饲喂会引起肉牛中毒。严禁随饮用水饲喂或者直接饲喂，应均匀混合在饲粮中或者与能量饲料配合使用，但不可以和生大豆或者脲酶高的大豆粕配合使用。

89. 肉牛饲料需要补充哪些氨基酸？

正常情况下，成年牛不需要添加必需氨基酸，但犊牛应在饲料中供给必需氨基酸，快速生长的肉牛在饲料中添加过瘤胃保护氨基酸，可使生产性能得到改善。由于在瘤胃微生物合成的微生物蛋白中较缺乏蛋氨酸，且蛋氨酸是牛的限制性氨基酸，所以对于快速育肥肉牛普遍使用过瘤胃蛋氨酸，效果较好。人工合成并作为添加剂使用的主要是赖氨酸和蛋氨酸等。

90. 肉牛常用的粗饲料有哪些?

（1）干草 指青绿饲料在尚未结籽以前刈割，经过晾晒或人工干燥而制成的粗饲料。干草较好地保留了青绿饲料的养分，是肉牛最基本、最重要的粗饲料。包括禾本科牧草、豆科牧草及混合干草。图5-7所示为优质苜蓿干草。

图5-7 优质苜蓿干草

（2）秸秆 农作物收获籽实之后的茎秆、叶片等统称为秸秆。主要包括玉米秸、麦秸（大麦秸、小麦秸、燕麦秸等）、稻草、谷草、豆秸等。图5-8、图5-9所示分别为玉米秸秆和小麦秸。

图5-8 玉米秸秆

图5-9 小麦秸

（3）秕壳 指籽实脱离时分离出的夹皮、外皮等。包括豆荚、豆皮、谷类秕壳（小麦麸、大麦麸、高粱麸、稻壳、稻壳、谷壳）、棉籽壳。

 91. 肉牛常用的矿物质饲料和维生素饲料有哪些？营养特点如何？

通常矿物质分为常量矿物质和微量矿物质。常量矿物质包括食盐（NaCl）、钙、磷、镁，有时也包括钾和硫。经常缺乏的微量矿物质有钴、铜、硒、铁等。其他必需矿物质元素一般不会缺乏。

常量矿物质饲料及其营养特点如下所述：

（1）食盐（NaCl） 适口性好，肉牛喜欢食用，一般添加 $0.5\% \sim 1.0\%$。

（2）非植物来源钙和磷 石粉是廉价的钙源。磷酸氢钙、磷酸二氢钙、磷酸钙（磷酸三钙）是常用的无机磷饲料，可被肉牛很好地利用。因肉牛瘤胃可产生植酸酶，所以可利用植酸磷，但通常认为只能利用一半的量。

（3）磷酸二钙 是常用的钙和磷补充饲料，一般含磷 $18\% \sim 21\%$、含钙 $25\% \sim 28\%$。

微量矿物质饲料及其营养特点如下：

（1）钴 反刍动物瘤胃微生物合成维生素B_{12}时需要钴。钴缺乏肉牛会出现食欲减退、生长发育停滞或者减重，严重时甚至会出现由于贫血导致的黏膜和皮肤苍白。饲料级含钴的物质有硫酸钴和碳酸钴。

（2）铜 铜为瘤胃微生物生长所必需，适量的铜可促进肉牛纤维素消化、蛋白质降解、脱氨基和糖的利用，有利于菌体蛋白的合成，有助于菌体蛋白质的沉积。铜缺乏可能会产生贫血、生长速率下降、被毛褪色或者被毛的生长情况和外观发生改变、心脏衰竭、骨质疏松、腹泻、繁殖性能下降（主要表现为延迟发情或发情抑制）。饲料中的铜通常为硫酸铜、碳酸铜及氧化铜。

（3）硒 幼龄反刍动物缺乏硒的共同临床症状都是白肌病，患病动物出现四肢僵硬、跛行，甚至心脏衰竭。土地、牧草和饲料中硒的含量变异都比较大。可采用注射硒或者硒丸补充。

（4）铁 缺铁会导致肉牛贫血、精神萎靡、采食量和体重下降、黏膜苍白及乳头萎缩。以母乳为唯一食物来源的幼龄犊牛往往会缺铁，特别是舍饲条件下。饲料中添加的铁通常为碳酸铁和硫酸亚铁。

（5）锰 犊牛锰摄入不足会导致骨骼发育畸形，包括四肢僵直、腿弯曲、关节肿大和骨骼强度下降等；对老龄牛来说，锰缺乏可导致繁殖性能低下，表现为发情率下降或发情周期不规律、低受胎率、流产、死胎或胎儿初生重低。饲料中使用最多的是氧化锰和硫酸锰及各种有机形式的锰（如蛋氨酸锰、锰蛋白、锰多糖复合物或氨基酸锰螯合物）。

（6）碘 缺碘的最初症状通常是新生犊牛的甲状腺肿大，犊牛出生时无毛、体弱或者死亡；母牛繁殖力降低，表现为繁殖周期紊乱、妊娠率下降和胎衣不下；公牛的性欲和精液品质降低。饲料中的碘通常以碘酸钙或乙二胺二氢碘化物的形式存在。

（7）钼　钼的代谢受到铜和硫的影响，钼与其存在颉颃作用。饲喂高钼饲料会引起肉牛钼中毒，表现为腹泻、厌食、体重下降、四肢僵硬和被毛颜色改变。牧草中钼的含量差异较大，谷物籽实和蛋白质饲料中钼的含量变异程度相对小。

（8）锌　肉牛严重缺锌会导致生长速率下降，采食量和饲料转化效率降低，精神萎靡，过度流涎，睾丸发育迟缓，蹄叉肿胀分开并有鳞片状病变，腿、颈、头和鼻孔周围严重角化不全性病变，伤口不愈及被毛脱落等。饲料级含锌的物质包括氧化锌、硫酸锌、蛋氨酸锌和锌蛋白质盐。

由于成年牛的瘤胃微生物可以合成维生素K和B族维生素，且肝、肾中可合成维生素C，一般除犊牛外，不需要额外添加，所以只需要补充维生素A、维生素D和维生素E。

（1）维生素A　维生素A能保持各器官黏膜上皮组织的健康及其正常的生理机能，维持牛的正常视力与繁殖机能。肉牛缺乏维生素A可能会导致夜盲症、干眼症、上皮组织角质化。母牛可能会引起受胎率低和流产。

（2）维生素D　维生素D的主要功能是调节钙与磷的代谢和骨骼的生长发育。缺乏时易引起犊牛的佝偻症和成年牛的软骨症，此外，还会导致犊牛生长发育缓慢和生产性能明显降低。

（3）维生素E　维生素E主要起抗氧化和清除游离基的作用。可以提高细胞和体液的免疫反应。

92. 肉牛饲料配方如何制定？

第一步：明确肉牛的营养需要量。肉牛不同生长阶段的营养需要量可参考《肉牛营养需要　第8次修订版》所述。

第二步：明确饲料原料的准确营养价值，即各原料的常规营养成分。通常以干物质基础表示，且最好是实测值。

第三步：预估采食量，确定精粗饲料比。

第四步：饲料配方计算与换算。配制日粮时，有两类数据处理方法：①饲料干物质量换算为实际饲喂状态的量；②饲料实际饲喂状态的量换算为干物质。《肉牛营养需要》中明确了不同生产目标肉牛的干物质（DM）、粗蛋白质（CP）、增重净能（NEm）等一系列重要指标的量。根据预期不同饲料所占日粮干物质（DM）的百分比、饲料原料的干物质含量及预估采食量，初步计算实际饲喂状态时各原料的质量。最后参考粗蛋白质、增重净能，对饲料原料含量进行调整，以平衡日粮。

 93. 放牧牛为什么要特别重视镁的供给？

镁缺乏症也称"草抽搐病"或"草蹒跚病"，主要由于镁元素缺乏而引起镁、钙、磷的比例失调，导致肉牛感觉过敏、共济失调，以全身肌肉抽搐为特征。从季节上看，牛的"草抽搐病"常发生于晚冬和早春放牧季节。缺镁通常也是地区性的，如果放牧地区土壤中缺乏镁元素，其上所长的牧草也缺乏镁元素，则放牧牛患"草抽搐病"可能性更大。一般幼嫩多汁的青草，含镁、钙、葡萄糖都比较少，而含钾、磷较多，当血浆镁离子减少到正常含量的1/10时，就会引发本病。干草中镁的吸收率高于青草，故舍饲期间此病较少发生。缺镁会影响公牛的精子生成；影响母牛的发情、妊娠，造成流产；影响胎儿生长，使胎儿畸形。发生缺镁症时，可在日粮中添加硫酸镁、碳酸镁或氧化镁。

 94. 农牧交错带地区的肉牛场饲料配方如何推荐？

综合考虑农牧交错带区域典型饲草资源，因地制宜选择其中几类作为粗饲料来源，精饲料补充料原料上可选择当地饼粕类资源和肉牛养殖行业常用原料。根据实际情况，推荐典型日粮配方如表5-5至表5-8所示。

（1）精饲料补充料典型配方

表5-5　育肥牛不同生长阶段精饲料配方

原料	配方比例（%）		
	断奶过渡期	200~500千克体重	500~800千克体重
玉米（粉质）	30.0	50.0	60.0
膨化玉米粉	20.0	0.0	0.0
膨化大豆粉	13.0	0.0	0.0
麦麸	10.0	5.0	0.0
豆粕	21.0	18.0	18.0
DDGS	0.0	20	15.0
糖蜜	1.5	2.0	2.0
碳酸氢钠	0.5	1.0	1.0
石粉	1.0	1.0	1.0
磷酸氢钙	1.0	1.2	1.2
精盐	1.0	0.5	0.8
1%预混料	1.0	1.0	1.0
配方合计	100	100	100
蛋白质含量	19.0%	18.0%	16.5%
备注	日饲喂量占犊牛体重的1%左右	日饲喂量占肉牛体重的1%~1.2%	日饲喂占肉牛体重的1.3%

（2）传统秸秆为粗饲料来源的日粮配方

① 玉米秸秆＋酒糟

表5-6　"玉米秸秆＋酒糟"粗饲料及日粮配方

[饲喂基础，千克/（头·天）]

原料	牛体重（千克）		
	200~350	350~500	500~650
精饲料补充料	1.5~3.0	3.0~7.5	7.5~12.5
玉米秸秆	3.0~6.0	8.0~10.0	10.0~12.0
酒糟	3.0~6.0	6.0~26.0	20.0~26.0

注：可根据实际情况调整。

②黄贮＋谷草/燕麦草

表5-7 "黄贮＋谷草／燕麦草"粗饲料及日粮配方

[饲喂基础，千克/（头·天）]

原料	牛体重（千克）		
	200～350	350～500	500～650
精饲料补充料	1.5～3.0	3.0～7.5	7.5～12.5
黄贮	0.0～14.5	14.5～20.5	20.5～27.0
谷草/燕麦草	2.0～5.0	2～3.5	3.5～4.5

③全株玉米青贮＋麦秸/稻草/燕麦草

表5-8 "全株玉米青贮＋麦秸／稻草／燕麦草"粗饲料及日粮配方

[饲喂基础，千克/（头·天）]

原料	牛体重（千克）		
	200～350	350～500	500～650
精饲料补充料	1.5～3.0	3.0～7.5	7.5～12.5
全株玉米青贮	0.0～17.5	17.5～25.5	25.5～30.0
麦秸/稻草/燕麦草	2.0～5.0	2～3.5	3.5～4.5

95. 用于牧区放牧的牛补饲的饲料产品如何推荐？

　　牧区放牧既可以合理开发利用草地资源优势和潜力，促进草地畜牧业的发展，同时也可达到降低饲养成本的目的。但牧区放牧存在季节影响大、季节性营养不均衡等问题，造成牧区肉牛的生产速度慢，经济效益低。为解决此问题，一般会给放牧肉牛补充精饲料来有效提高肉牛生产性能。在补充精饲料时需要结合肉牛的不同生长发育阶段、营养需求以及不同季节牧草营养水平、草地质量，适时调整补饲精饲料的能量与蛋白质水平，保证矿物质与食盐的摄入量。补饲的精饲料能量饲料主要有玉米、麦麸、米糠等；蛋白质饲料主要有菜籽饼、豆饼、棉籽饼、花生饼、葵饼等。另外，由于牛瘤胃微生物群的特殊功能，尿素也可作为牛的蛋白质饲料。精饲料的配制要根据当地的饲料资源及价格而定，另外还需要考虑牛的适口性。可按如下比例配制，能量饲料占70%～75%，蛋白质饲料占25%～30%，另加1%～2%的盐。补饲量一般按牛体重的1%补给精饲料，过低达不到快速增重的目的，过高影响牛在放牧时对粗饲料的采食，增加饲养成本。

96. 肉牛对水的需要量和水质有哪些要求？

肉牛所需要的水来自饮水、饲料中的水分以及代谢水，肉牛的水分来源主要靠饮水。肉牛的需水量因牛的个体、增重速率、活动、饲粮类型、采食量和环境温度等不同而有所差异。通常每采食1千克干物质，犊牛需要6～7千克水，成年牛需要3～5千克水。另有研究表明，当环境温度在26℃左右时，体重在300～450千克的育肥牛对水的需要量保持在40～55升。

给肉牛选择饮水时，应保证水的新鲜、清洁，水质对维持肉牛的饮水量有重要影响。已有报道表明，水中的某些成分超标都会影响牛的生产性能，如硝酸盐、氯化钠和硫酸盐。好的水质，其总溶解固形物<1 000毫克/升，如超过7 000毫克/升，则不应当用于饲喂肉牛，避免导致严重的健康问题。水中硝酸盐和硫酸盐的浓度都应分别低于44毫克/升和1 000毫克/升。

97. 饲料的霉菌毒素对肉牛有哪些危害？如何避免？

霉菌毒素对肉牛的危害主要有以下几点：

（1）降低饲料营养价值，影响动物机体的吸收和代谢。霉菌毒素中的黄曲霉毒素可以降低饲料纤维素在瘤胃的消化，进而影响挥发性脂肪酸的组成以及饲料蛋白质的水解，从而影响瘤胃消化功能，引发牛出现胃肠炎、肠出血、腹泻等症状。

（2）引起内分泌和神经内分泌功能紊乱，影响动物的生产性能和繁殖性能等。霉菌毒素会引发各种疾病：急性乳腺炎、阴道炎、蹄病等。还会造成公牛射精量和精液浓度下降及精子活力降低；母牛排卵率下降、发情延期或长期不发情，以及抵抗力低下导致产后疾病和一些继发病增多。

（3）干扰动物免疫系统，造成免疫抑制。霉菌毒素中的黄曲霉毒素对牛的危害尤为严重，可引起牛肝坏死，导致牛胚胎死亡、先天性缺陷、肿瘤以及抑制免疫系统疾病，亦可导致机体出现神经症状。另据研究表明，牛饲料中黄曲霉毒素污染与亚临床蹄叶炎和卵巢囊肿有直接正相关。

在肉牛养殖中应积极采取措施避免霉菌毒素的危害：

（1）强化饲料的贮藏保管，饲料舍要保持干燥，加强通风，最大限度地减少舍内空气中霉菌孢子数量，同时做好灭鼠工作。

（2）在潮湿、闷热、多雨的季节，料槽剩料要及时清理以防变质。

（3）在饲料中添加脱霉剂可有效减少霉菌毒素的含量，起到预防作用。

98. 饲料中的硝酸盐对肉牛有哪些危害？

硝酸盐在瘤胃中可以作为微生物合成菌体蛋白的氮源，也可被还原成亚硝酸盐。但是，每千克干物质采食量中增加15克硝酸盐会降低有效粗蛋白质含量，限制瘤胃微生物对氮的利用效率，从而会对瘤胃氮平衡产生消极的影响，特别是影响瘤胃微生物蛋白质合成过程。

当肉牛日粮中加入2%硝酸盐，会导致瘤胃挥发性脂肪酸产量下降，较高浓度的硝酸盐可以积累大量的亚硝酸盐，在此浓度下的亚硝酸盐会对瘤胃微生物产生不利影响，影响挥发性脂肪酸的产生，从而影响肉牛的生长性能。

当肉牛采食的日粮中硝酸盐含量过高时，机体胃肠功能失调，硝酸盐发生还原反应生成亚硝酸盐，从而发生亚硝酸盐中毒。牛急性硝酸盐或亚硝酸盐中毒的症状表现为呼吸困难或窒息、心跳加快、口吐白沫、抽搐、口鼻部和眼睛周围发蓝及红褐色血症等。轻度亚硝酸盐中毒症状表现为生长缓慢、不孕、流产、维生素缺乏和牛体不洁等。一般来说，肉牛饮水中硝酸盐的安全浓度在44毫克/升以下。

六、健康管理篇

99. 肉牛养殖场生物安全防控有哪些内容？

肉牛养殖场生物安全防控包括外部生物安全和内部生物安全两个方面的内容：

（1）外部生物安全　引入动物时尽量严格检疫，最好进行结核病、布鲁氏菌病监测，严格遵守隔离观察制度，做好免疫。对各种生产工具进行严格消毒，饲养用具不得交叉使用。减少异种动物的存在，如鸟类、啮齿类及各种蚊虫。场与场之间、各畜舍之间都可以考虑建立隔离带，防止疫病在不同养殖场、不同年龄段的肉牛之间传播。

（2）内部生物安全　做好基础免疫，制定科学的免疫流程。清楚动物来源，最大限度地减少不同来源动物的混群饲养。对一些致病率、死亡率高的动物疫病，必须采取净化措施，保障动物群体健康和公共卫生安全。定期对疫病进行监测，及时隔离治疗患病动物。建立有效的防疫制度，定期消毒。注意饲养管理、圈舍通风、圈舍温湿度。科学饲养，保障肉牛免疫力。

100. 肉牛养殖场兽医室器材设施及其基本规格如何？

兽医室一般包括诊疗室、药房等。可在独立圈舍或棚舍内设置一个保定架或六柱栏进行简易诊疗操作，主要用于对单头肉牛的检查以及用药治疗。诊疗室放置常用诊疗设备，包括温度计、听诊器、皮尺、酒精棉等。药房需配备各类常用药品及医疗消耗物品，安装药柜分类收藏，最好配备冷藏及冷冻冰箱，用于放置疫苗及需冷藏的药品。

常用医疗消耗物品包括注射器（规格包括1毫升、5毫升、10毫升、20毫升、50毫升）、静脉采血针（规格包括0.8、0.9）、采血管（EDTA抗凝管、肝素锂抗凝管、促抗凝等）、一次性输液器、干棉球、一次性采样拭子、离心管（规格包括10毫升、15毫升、

50毫升)、长臂手套、PE手套、酒精、碘伏、0.9%生理盐水、5%
葡萄糖注射液、复方氯化钠注射液、外科手术用具(包括一次性
手术衣、无菌手套、医用剪刀、手术刀、手术刀片、组织镊、组
织钳、持针器、可吸收及不可吸收外科缝线等)。

常用消毒剂及常用药品配置参考问题101和问题102。

101. 肉牛养殖场的消毒剂有哪些?如何应用?

消毒剂主要用于圈舍、饲槽、用具的消毒,以及消毒池、消
毒液、进出场车辆及人员的消毒。常用消毒药有5%来苏儿、漂白
粉、3%甲醛溶液、10%~20%石灰乳溶液、氢氧化钠溶液、75%
酒精、0.2%过氧乙酸、0.1%新洁尔灭等。

畜舍消毒每月应进行2~3次,常用10%~20%石灰乳溶
液、10%漂白粉、1%氢氧化钠溶液等;密闭牛舍可用甲醛熏蒸
12~24小时。水泥地面可用5%来苏儿或5%的漂白粉消毒。土
壤消毒可在翻土时混合漂白粉,然后用水湿润,压实。除金属制
品和橡胶外,可用0.2%过氧乙酸浸泡消毒用具。墙壁、地面、护
理用具、饲槽可用3%甲醛溶液喷洒消毒。牛场门口的消毒池可用
5%氢氧化钠溶液进行消毒。

102. 肉牛养殖场常备药品有哪些?

(1)抗生素 青霉素、头孢类、氨基糖苷类(链霉素、庆大
霉素等)、大环内酯类药物(替米考星、泰乐菌素、泰拉菌素、加
米霉素等)、磺胺类药物等。

(2)驱虫药 伊维菌素、阿苯达唑、吡喹酮、硫双二氯酚、
贝尼尔等。

(3)镇静、麻醉药 局部麻醉药包括利多卡因、普鲁卡因等。

(4)健胃、轻泻药 液状石蜡、硫酸镁、硫酸钠等。

(5)激素类 地塞米松、肾上腺素等。

（6）解热镇痛药　安乃近、安痛定、复方氨基比林、萘普生等。

 103. 如何正确管理肉牛养殖场的药物和疫苗？

养殖场药物及疫苗必须遵照相关法律法规严格管理，各养殖场需制定完善的药品管理制度，由专人负责采购、管理与保存。

（1）严格按照有关兽药管理的规定采购、保存和使用兽药。疫苗应注意冷链运输及冷藏保存，尽快使用。

（2）禁止使用原料药、假劣兽药、违禁药品和其他禁用化合物，所用兽药必须符合国家规定。

（3）必须严格遵守国家休药期的规定。

（4）建立并保存兽药购买、使用记录。内容包括药品名称、生产厂家、批号、购入单位、发病时间及症状、治疗用药经过、用药时间、疗程、休药期等。

（5）积极配合国家及省（市）畜牧兽医主管部门组织的兽药质量抽检和畜牧产品兽药残留的抽检。

（6）发生可能与兽药使用有关的严重不良反应，应立即向当地兽医主管部门报备。

104. 饲养人员必须了解的肉牛关键体征指标有哪些？

（1）肉牛正常生命体征　直肠体温成年牛为38～39℃，犊牛为38.5～39.5℃；安静时呼吸频率成年牛为12～28次/分，犊牛为20～40次/分；心率成年牛为50～80次/分，犊牛为70～100次/分。

牛通常在饲喂后20～90分钟（平均40分钟）出现反刍，一次持续40～50分钟。肉牛1个草团在口腔中平均每口的咀嚼次数为30～60次。

（2）母牛体况评分（BCS）　常用于区分母牛群中营养需求

的差异，而且与其繁殖性能有密切关系。尽管每头母牛的理想体重不同，但其理想体况评分的要求都是一样的，即BCS在5～7。BCS的得分范围为1～9，1分是非常瘦，9分是非常胖。通过测定肉牛背部（腰椎）、尾根、臀尖、髋部、肋骨和胸部等部位，可以确定牛的体况评分值（表6-1）。

表6-1 肉用母牛体况评分细则

体况类型	体况评分	评分细则					
		全身肌肉发育程度	胸部脂肪沉积	可见肋骨根数	脊柱轮廓	尾根脂肪沉积	腰角－坐骨端接合区凹陷度
瘦弱型	1	萎缩	不可见	7～8	清晰	不可见	强V形
	2	轻度萎缩	不可见	7～8	清晰	不可见	V形
偏瘦型	3	不发达	不可见	6～7	清晰	不可见	浅V形
理想型	4	较发达	不可见	3～5	较清晰	不可见	深弧形
	5	发达	不可见	1～2	不清晰	微量	浅弧形
理想型	6	发达	少量	0	不清晰	少量	微弧形
偏肥型	7	发达	较多	0	不清晰	较多	平直
肥胖型	8	发达	多	0	不清晰	多	微拱形
	9	发达	过多	0	不清晰	过多	拱形

105. 什么是热环境？肉牛是如何进行体热调节的？

热环境是与肉牛体热调节直接相关的外界环境因素的总和，包括温度、湿度、气流、热辐射等。热环境是影响肉牛生长、发育、繁殖的最关键因素之一。

肉牛对高温的耐受能力比抗低温能力弱，当温度逐渐升高时肉牛可能出现热喘息现象和呼吸性碱中毒等，影响其生长和生产性能。当气温持续高于体温5.8℃时，肉牛便不能长时间存活。气温过低时，动物可通过增加采食量和加速体内化学反应来提高代谢速率，从而产生较多热量以维持热平衡。此时，若饲养管理条件较差或营养不足时，可能导致家畜生理机能发生紊乱。因此，需要在冬春季制定合理的补饲标准，以及采取必要的保温措施；注意夏季防暑，改建棚舍，保证通风，增加喷水或淋浴，促进散热等。

106. 如何减小肉牛冬季冷应激的影响？

减少肉牛冬季应激的影响必须从以下几个方面入手：①注意随时监控体温，做好保暖；②注意环境调控，适当通风，控制温度、湿度、空气质量、饲养密度，以减少环境对肉牛应激的影响；③尽量避免肉牛受到应激的影响，在天气非常寒冷时，注意合理补饲以提高肉牛营养和能量摄入。

107. 肉牛常见的多发病、传染病、寄生虫病、代谢病都有哪些？

（1）常见多发病　包括牛口炎、前胃迟缓、瘤胃积食、牛肺炎（牛呼吸道疾病综合征）、创伤性网胃炎、腐蹄病、红眼病、梭菌病、犊牛和成年牛腹泻等。

（2）常见传染病　包括口蹄疫（图6-1）、布鲁氏菌病、牛结核病、牛病毒性腹泻、结节性皮肤病等。

（3）常见寄生虫病　包括球虫、蛔虫、肝片吸虫、绦虫、疥癣病等。

（4）常见代谢病　包括异食癖、瘤胃酸中毒、蹄叶炎、白肌病等。

图6-1　肉牛口蹄疫

108. 常用牛疫苗的种类有哪些?

临床上常用的牛疫苗主要是针对口蹄疫、牛布鲁氏菌病、牛呼吸道疾病综合征等对肉牛养殖业危害大的疾病进行预防。

口蹄疫疫苗是国家强制免疫的疫苗,一般使用的疫苗有单价疫苗或双价疫苗,使用后一般2周左右可产生免疫力,免疫效果一般持续6个月左右。

我国使用的布鲁氏菌病疫苗一般为S2株、M5株或S19株弱毒苗,其保护期长达几年。在使用布鲁氏菌病疫苗之前,要注意自己所处的地区,只有地方性流行地区可使用布鲁氏菌病疫苗。

目前,随着我国肉牛养殖行业的兴起,牛呼吸道疾病综合征(牛运输热或烂肺病)也成为造成重大经济损失的疾病,目前我国已经有一些疫苗生产厂可生产预防牛病毒性腹泻以及牛传染性鼻气管炎病毒的疫苗。

109. 新生犊牛常见的疾病及其防控技术有哪些?

新生犊牛常见疾病包括新生犊牛窒息、犊牛脐带炎、犊牛肺炎、犊牛腹泻等。针对不同的疾病,需要采取不同的防控措施,具体内容如下:

(1)新生犊牛窒息 母牛分娩前保持产房干净,铺清洁干燥的垫草,做好消毒。有经验的医师进行接产,在出现分娩延滞、犊牛倒生及胎囊破裂过晚等情况时须及时助产。不盲目注射催产药物。注意仔畜护理,及时用手清除新生犊牛口鼻处的黏液,保持呼吸道畅通,防止其窒息或死亡。

(2)犊牛脐带炎 做好产房卫生管理,进行严格消毒,确保圈舍环境的清洁。犊牛断脐后要及时进行消毒,并防止舔舐,避免感染。

(3)犊牛肺炎 确保犊牛吃足初乳,增强犊牛抵抗力;不同年龄、不同管理条件、不同健康状况的牛群不要混群饲养；不随意外购散养的或来源不明的牛。按规定流程使用牛呼吸道疾病疫苗进行免疫。

（4）犊牛腹泻　注意保持犊牛早吃初乳，做好环境卫生，对已经发病的犊牛要及时补液，纠正酸碱平衡，合理用药，不要盲目使用抗生素。

 110. 犊牛腹泻的病因和预防措施如何?

犊牛腹泻主要是由于饲养管理不当以及细菌、病毒、寄生虫感染等原因所引起。犊牛无法及时吃足初乳获得母源抗体，且饲养环境卫生条件差或清扫消毒不彻底，导致各类致病微生物大量繁殖，以及各类寄生虫感染，造成犊牛腹泻（图6-2）。防控要根据病因采取相应的预防和控制措施。

图6-2　犊牛腹泻

（1）饲养管理不当　犊牛出生后不能及时吃上、吃足初乳，圈舍内温度控制不定，或圈舍通风不良、光照不足等，会使犊牛受到多种应激因素刺激，增加了犊牛腹泻的发病率。饲养环境不卫生容易滋生各种细菌微生物。因此，要保证母牛饲料的营养供给，让犊牛及时吃上初乳，吃足初乳，做好环境清洁和消毒工作，减小犊牛应激。

（2）细菌感染　致病性大肠杆菌及沙门氏菌感染易导致犊牛在出生后1周内出现腹泻。因此，要改善饲养管理条件，对环境进行定期清扫和消毒，做好母牛后躯肢体和乳房的清理和卫生消毒，防止犊牛通过吃乳感染病原菌。

（3）病毒感染　常见病毒包括轮状病毒和冠状病毒。病毒侵袭胃肠道后导致胃肠道黏膜炎症，出现胃肠道糜烂、溃疡以及肠道坏死等情况，引起犊牛腹泻。应注意对环境进行定期清扫和消毒，确保犊牛吃足初乳，增强犊牛抵抗力，预防病毒感染。

（4）寄生虫感染　由于饲养环境管理不善而出现寄生虫感染，最常见的是胃肠道线虫感染，部分寄生虫还会导致犊牛的小肠出现结构性损伤。为防止寄生虫感染，必须做好卫生清洁，对饲养环境进行定期清扫和消毒，保障母牛卫生可以有效避免寄生虫感染。

 111. 如何防控断奶犊牛猝死？

断奶前后犊牛身体抵抗力较弱，肠道内正常微生物菌群不稳定，饲粮结构和环境的突变易使犊牛感染魏氏梭菌而引起犊牛猝死。因此，在断奶前后必须加强犊牛的饲养管理，更换饲料时要逐渐过渡，逐步适量添加精饲料；秋冬季节不宜给犊牛饮用冰水，不要饲喂结霜或发霉饲草，农区尤其注意不可饲喂冻结的多汁果实及青藤（如西红柿等）；定期对圈舍、活动场地、用具进行消毒。

 112. 梭菌病的危害和防控措施如何？

梭菌病为梭菌属中某些致病性细菌引起的疾病的总称，牛易感染的梭菌包括魏氏梭菌、气肿疽梭菌、破伤风梭菌等，根据感染疾病的不同，须采取不同的防控措施（图6-3）。

（1）魏氏梭菌　又称产气荚膜梭菌，会造成犊牛的梭菌性肠炎，患病犊牛出现急性肠毒血症，是一种发病急、死亡率较高的消化道传染病。该病的综合防控措施包括：做好圈舍卫生，对圈舍、饲槽、工具进行消毒，及时清理牛舍内粪便及运动场积粪。保证良好的通风及适宜的圈舍温湿度，确保饲养密度合适。对流动车辆及出入人员要做好彻底消毒，病死牛采用深埋或焚烧等无害化处理。对病牛进行对症治疗，补充电解质及能量，纠正脱水及酸中毒，正确使用抗生素。

（2）气肿疽梭菌　会引起牛的黑腿病，导致牛肌肉和结缔组织气性肿胀，随即出现坏死性炎症。该病病死率高，很难进行预防。

（3）破伤风梭菌　感染该菌会引起牛破伤风，造成病牛全身或局部肌肉持续性痉挛和对外界刺激的敏感性增强。牛感染后病程较缓，若能得到

图6-3　牛梭菌病

及时救治，死亡率较低。治疗包括用破伤风血清中和毒素、镇静解痉、对症治疗，并对感染创口进行消毒处理，清除病原菌及外毒素。加强对病牛的护理，给予柔嫩青草或易消化的饲料，不能采食的病牛可用胃管投喂流质食物，提供充足的饮水，保证畜舍的消毒与通风。破伤风的防控主要注意防止发生外伤，大而深的伤口要注射抗破伤风血清。常发病地区可用破伤风类毒素进行预防注射。

113. 牛无形体病的危害和防控措施如何？

牛无形体是一种革兰氏阴性胞内寄生菌，在牛及其他哺乳动物中广泛传播，多由蜱虫叮咬传播致病。牛无形体病病原主要分为边缘无形体、中央无形体、牛无形体和嗜吞噬细胞无形体。暴发性感染多见于边缘无形体。通常情况下，牛感染牛无形体后临床症状不明显，但部分牛在感染后会出现沉郁、嗜睡、消瘦、高热、腹泻、贫血、淋巴结肿大、抽搐等症状，甚至出现母牛流产和死亡等。通常感染无形体的动物会成为永久的病原携带者。患病动物处于感染急性期时，可由兽医通过外周血液涂片直接镜检法进行病原诊断，该方法简便直观（图6-4）。聚合酶链式反应

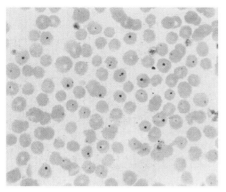

图6-4　镜检外周血液涂片观察到的牛无形体

（PCR）检测比直接镜检法检出率高，适用于临床病例的诊断。牛感染无形体病后的治疗除一般支持疗法外，还应及时使用四环素类药物抑制病原的蔓延。对患病动物的血液、分泌物及排泄物等污染物进行彻底消毒处理，杀灭蜱、鼠，尽可能地阻断一切传播途径。

 114. 如何防控牛蓝舌病？

　　牛蓝舌病是由蓝舌病病毒引起的一种急性热性传染病。临床上主要以高热、腹泻、黏膜水肿、溃疡和糜烂为主要症状。蓝舌病主要通过库蠓吸血传播，世界动物卫生组织（OIE）将其列为A类疫病。一旦发生蓝舌病，养殖场应积极采取措施，进行隔离、消毒、免疫、扑杀和无害化处理，防止疫情的扩散与传播。防控措施包括：切断传播途径，杀灭库蠓等吸血昆虫，在夏季蚊虫多的季节可用0.2%除虫菊酯煤油溶液每2周全场喷雾驱虫1次；还可用0.05%蝇毒磷对牛群进行喷淋，防止库蠓和伊蚊叮咬牛群。不同来源的牛群避免混群饲养，减少外来牛群的引入，引种要严格遵循隔离检疫流程，严禁从蓝舌病疫区和易发地区引入牛种。禁止使用带毒精液进行人工授精。蓝舌病病毒具有不耐热、不耐酸的特点，可使用3%福尔马林、2%过氧乙酸和70%酒精等消毒剂进行环境卫生消毒。加强饲养管理，可提高牛群的抗病力。

115. 如何防控牛红眼病（结膜炎）？

　　牛红眼病（结膜炎）是一种具有高度传染性的疾病，在全世界范围内流行。尽管红眼病很少引起牛的死亡，但会影响牛增重速率、提高治疗成本，从而给养牛业带来重大损失。所有品种的牛在一年四季中都有可能发生红眼病。最常见的两个症状为患眼过度流泪、因疼痛引起的眼睑闭合（一侧眼或双侧眼畏光）。随着疾病的发展，角膜可能变混浊或呈白色，溃疡灶常位于角膜中心，向周围发展（图6-5）。感染过程可能持续数周。红眼病是由多种因素引起的，主要病因是牛莫拉氏菌感染。一些刺激因素如紫外线（阳光）、生物媒介（面蝇、家蝇、厩螫蝇）、植物和粉尘对牛眼造成刺激，使得病原入侵并引发其他疾病。良好的防治方案需注意减少对牛眼的刺激：①控制蝇类数量，限制红眼病的传播。②降低粉尘、减少日晒。牛眼中常会出现杂草或草籽，这些异物会刺激眼睛，促使红眼病的发展。③接种疫苗有助于降低发病率、缩短病程和减轻病情的严重程度，但我国目前市场上尚未有此疫苗。

图6-5　牛结膜炎

116. 牛的"癌眼"如何预防和治疗？

牛眼鳞状细胞癌，通常称为"癌眼"，是当今牧场面临的最严重的病症之一，最常发生于海福特牛。然而，造成"癌眼"的病因目前尚不明确，怀疑与海福特牛的遗传倾向和长时间暴露于紫外线有关。目前治疗"癌眼"的方法包括传统手术、冷冻外科(冷冻肿瘤)、热疗（加热肿瘤）、放射治疗和免疫治疗。治疗方法的效果取决于肿瘤的位置和肿瘤的入侵程度（是否入侵至基底结构）。通常情况下，位于眼睑的肿瘤比眼球上的肿瘤转移扩散的速度更快。传统外科手术通过眼睑切除术和/或眼球摘除术来切除肿瘤，但复发率为40%～50%。如果能在肿瘤入侵基底结构前（即由良性肿瘤变为恶性肿瘤前）进行热疗或冷冻手术，可有效预防"癌眼"。所有的眼球肿瘤几乎都位于角膜骨结合处，而眼睑肿瘤最常见于第三眼睑，位于下眼睑的小肿瘤表面常被痂样物质所覆盖，类似于出现干眼症。由于"癌眼"有遗传倾向，不应该让患有"癌眼"的母牛作繁殖用途。早期发现并及时治疗良性肿瘤，结合良好的筛选方法，可大大降低"癌眼"的发病率。

117. 如何防控牛的腐蹄病？

腐蹄病是一种以肿胀和跛行为特征的肉牛急性传染病，是引起肉牛跛行的主要原因（图6-6）。如果不及时治疗可能转变为慢性病，从而累及蹄部其他结构。坏死梭杆菌是腐蹄病的主要病原体，其他细菌也有协同作用。该病全年可见，但在围栏周围潮湿泥泞时患病率更高。所有年龄段的牛都易感，但最常见于断奶犊牛和年龄更大的牛。腐蹄病的最初症状是一只或多只蹄突然跛行，趾间间隙和蹄冠肿胀。检查蹄部可发现蜂窝织炎和趾间间隙液化性坏死，并伴有恶臭。患牛典型症状为站立时会把患肢抬离地面，不愿移动，食欲下降，通常会发低烧。如果任由病情发展，感染将侵入蹄部更深的组织，可能导致慢性关节炎。环境卫生是防止腐蹄病的关键因素。预防措施包括尽量避免喂食和饮水区域周围地面粗糙和潮湿。场地应有良好的排水，应定期清除粪便。可在采食区和水槽周围铺设混凝土板，减少泥泞。可用堆土或堆肥来促进排水，并为牛提供一个干燥可供躺卧的区域。

图6-6 肉牛腐蹄病

118. 瘤胃臌气如何预防和治疗？

臌气是消化不良的一种形式，是由于气体积累引起的瘤胃异常膨胀（图6-7）。在正常的瘤胃发酵过程中，产生的气体通常经打嗝或嗳气排出。发生腹胀时，气体无法从体内排出，气体集聚导致腹部严重膨胀，压迫心脏和肺，甚至可造成死亡。

图6-7　肉牛瘤胃臌气

目前，预防瘤胃臌气最有效的方法是使用泊洛扎林，其为一种消泡剂，若摄入足量，可在12小时内防止瘤胃泡沫性臌气。泊洛扎林可作为饲料原料添加在谷物混合物中或糖蜜盐块中。以下是预防瘤胃臌气的一些饲养管理措施：①管理牧草，确保牧场中苜蓿不超过50%；②在放牧前48小时饲喂泊洛扎林，饲喂饲料之前可与谷物混合后给药；③在饲喂豆科牧草前先饲喂干粗饲料；④饲喂切碎青草需每天多次饲喂。

治疗牛急性臌气需要准备大型套管针、消泡剂、胶管（直径1.9～2.5厘米，长20～25厘米）和锋利的手术刀，用来穿刺瘤胃。若发生严重的泡沫性臌气，则需用手术刀切开瘤胃（切口为8～10厘米），直至臌气得到缓解。必要时兽医可做瘤胃瘘管来治疗慢性臌气。

119. 如何防控牛的尿结石？

　　牧场和养殖场的牛有时会发生尿结石，未去势的公牛较少发生。尿结石是无机盐和组织细胞组成的坚硬聚集物，可于肾脏或膀胱形成。尿结石可能产生机械性刺激，导致膀胱发生慢性炎症。若结石滞留于尿道，部分或完全阻塞尿液流动时，会造成更严重的并发症；如尿道或膀胱破裂导致尿腹及毒血症，严重患牛可能死亡。

　　定期观察牛群，发现尿结石的早期症状，及时抢救处理可能是应对尿结石最经济、有效的方法。使用尿道松弛剂有利于开放尿道，使矿物质结晶通过尿道。饲料中添加氯化铵可酸化尿液，帮助溶解磷酸盐尿结石。经手术治疗的肉牛在一段时间后，尿液和药物的组织残留消除便可以上市。可尝试以上的治疗方案，但预后较差。

　　在饲料中添加1%～4%食盐对牛有益，按钙磷比2∶1饲喂可减少结石的发生率，建议均衡饲粮并提供牛群足量的饮水和维生素A。可以考虑监测草场硅酸盐和草酸盐的含量。若位于高海拔地区，建议放牧以母牛群为主，尽可能限制公牛放牧。

120. 如何防控牛的草痉挛病？

　　草痉挛病是由镁缺乏引起，可见于牧草生长茂盛、幼嫩牧草丰富、冷季型草场（尤其是多云天气），可发生在哺乳早期的肉牛中，在老龄肉牛中更为普遍。其症状通常为患牛共济失调、唾液分泌增多、亢奋，如对人产生攻击性，最终抽搐死亡。血液钙含量低时，也会发生抽搐。若想区分矿物质缺乏的种类，必须依靠血液检查。当怀疑牛发生草痉挛病时，建议饲喂含钙镁的矿物质混合物（85～115克/头），其中镁含量12%～15%。治疗方法包括静脉注射钙离子和葡萄糖酸镁。但该病发生后往往来不及进行治疗。

121. 如何处置牛的甜三叶草中毒？

甜三叶草中含有香豆素，当甜三叶草受到损害时，香豆素会转化为有毒的双香豆素，后者会干扰动物的代谢及维生素K的合成，引起出血。中毒的最初症状包括患牛僵硬、跛行、呆滞、全身皮下肿胀（血肿或凝血块，主要发生于臀部、胸部和颈部）、黏膜苍白（提示贫血）。有时粪便和尿液中可能存在血液，乳汁可能从鼻孔中流出，分娩时可能大量出血。此外，双香豆素还可能干扰母畜繁殖，通过胎盘引起胎儿出血，也可导致胎儿再吸收、死产或新生犊牛死亡。

可采集未摄取过有毒甜三叶草动物的血液，给中毒的动物输血。肌内注射维生素K，颉颃双香豆素的作用；移除怀疑含有甜三叶草的饲料，让动物摄取富含维生素K和钙的高质量苜蓿。如果怀疑牛甜三叶草中毒，应立即向兽医寻求帮助。

122. 牛布鲁氏菌病的危害和防控措施如何？

布鲁氏菌病是由布鲁氏菌属细菌引起的一种人畜共患病，其特征是感染母畜发生流产、胎盘滞留，通常受感染的母牛流产一次后在随后的妊娠及哺乳期间表现正常；被感染的公畜有时可能发生睾丸炎和副性腺炎。牛可通过食入被布鲁氏菌污染的饮水、饲料、流产胎儿、胎盘和子宫分泌物等或舔舐被感染动物的生殖器而传播布鲁氏菌病。布鲁氏菌可通过人或动物的黏膜、结膜、伤口或完整的皮肤进入体内。

布鲁氏菌病无实际的治疗方法，应以检测和预防为主。防控的最终目标为检测并淘汰阳性动物。必须定期对畜群进行检测，直至连续出现2次或3次阴性结果。接种疫苗是控制布鲁氏菌病的唯一有效手段，如RB51疫苗是一种弱毒菌株，不会引起机体产生O侧链抗体，不影响血清学检测结果。需保护未被感染的畜群，注意接种犊牛和未妊娠的小母牛。

 如何防控牛钩端螺旋体病?

钩端螺旋体病是一种具有传染性的人畜共患细菌病,可见于大多数农场动物和许多野生物种。牛的钩端螺旋体病发生在妊娠期最后三分之一时间,流产率高达30%,也是造成犊牛死亡率高、母畜产奶量下降和牛奶被血污染的原因之一。牛钩端螺旋体病通常是由于含有钩端螺旋体的尿液溅入易感染动物的眼睛,或污染放牧草场、饮用水或饲料而引起发病。猪可以作为带菌者,常感染牛。本病的症状可因感染血清型的不同而有很大差异。所有动物的潜伏期一般为3~7天,如果表现出临床症状,会持续3~5天。动物恢复后钩端螺旋体仍会存在于动物的肾脏中,随尿液排出持续4个月。

良好的饲养管理可有效控制牛钩端螺旋体病,例如:①不让牛接触其他牲畜使用过的地表水或溪流;②清除垃圾,因野生动物和老鼠可能将其作为藏身之地;③防止啮齿动物和野生动物接触家畜饲料;④防止尿液进入饮水源;⑤尽可能减少牛与其他牲畜、啮齿动物和野生动物的接触;⑥清洗、消毒并晾干患钩端螺旋体病的病牛使用过的畜棚、牛舍和其他被污染的区域;⑦避免肉牛进入排水地区或围栏沼泽地区;⑧为易感动物接种相关血清型疫苗。

 如何防控牛传染性鼻气管炎?

牛传染性鼻气管炎(IBR)病毒是一种疱疹病毒,任何年龄阶段的牛均可能感染(图6-8)。IBR在世界各地分布。其主要通过空气或接触传播,其他传播方式包括性传播、疾病传播(感染性脓性阴道炎)、子宫内传播以及垂直传播(先天性,新生犊牛在分娩时通过受感染的阴道传播)。根据感染的部位不同,牛可能表现出五种不同的临床症状，即呼吸道型、眼型、流产型、感染性脓疱性外阴阴道炎和脑炎。潜伏期通常为 4 ～ 6 天，感染持续 10 ～ 14 天。由于牛的几种呼吸系统疾病的早期临床症状相似，诊断需慎重观察，排除其他疾病，辅助使用实验室检查。

目前牛传染性鼻气管炎没有特异性的治疗方法，应隔离被感染的动物和携带病毒的动物，必要时用抗炎药和抗生素控制继发感染。接种疫苗可预防牛传染性鼻气管炎的发生，建

图6-8　牛传染性鼻气管炎病毒引起的牛呼吸道疾病

议在 4 ～ 6 月龄时给犊牛首次接种疫苗，单次接种可降低疾病的严重程度，但不能提供全面保护。适当采取生物安全措施可减少牧场感染的风险。

125. 如何防控牛病毒性腹泻？

牛病毒性腹泻-黏膜病（BVD-MD）是全球范围内最严重的牛病毒性传染病之一（图6-9）。该疾病至少与两种不同血清型的牛病毒性腹泻-黏膜病病毒相关。一种血清型可引起牛腹泻、生殖障碍和免疫抑制，而两种血清型的双重感染都会引起急性黏膜疾病。防控方案必须根据不同养殖场的母牛、犊牛情况和饲养管理方式制定，一些基本的建议为：①避免犊牛饲养密度过大、发生应激和将犊牛混群；②将新购入的牛和发病的牛与牛群相隔离。

是否使用牛病毒性腹泻-黏膜病病毒活疫苗目前仍存在争议。通常情况下，使用弱毒活疫苗能刺激机体产生更强的免疫力，但在接种疫苗后也可能导致疾病的暴发。幼龄动物或高应激状态下的动物应谨慎接种疫苗，弱毒活疫苗不能用于妊娠的动物。使用

图6-9　患牛病毒性腹泻的犊牛

灭活病毒疫苗可降低牛病毒性腹泻-黏膜病疫苗接种的风险，但产生的抗体滴度可能有限。建议接种疫苗时采取以下步骤：① 在母牛生育前30天接种疫苗。可在妊娠的前6个月辅助防止胎儿感染，也能为新生犊牛提供初乳抗体。②给6 ~ 10月龄的幼畜接种2次疫苗。在此期间，被动免疫抗体降低至较低水平，同时产生主动免疫。此时应避免给牛造成应激。

126. 如何防治肉牛面蝇？

　　面蝇只出现在牧场中，而不会出现于养殖场和牛棚中，不叮咬人类。雄性面蝇仅以花蜜和粪便为食，通常栖息在树枝和栅栏上。成年雌性面蝇以动物头面部的血液和其他渗出物为食，通常聚集在牛或马眼部和口鼻部伤口周围，不仅对动物产生极大骚扰，还会传播寄生虫（如眼线虫）和其他疾病（如牛红眼病、牛鼻气管炎等）。雌蝇仅在牧场新鲜的粪便中产卵，孵化成为成虫的时间约3周，冬季在楼板、谷仓、畜舍等场所冬眠。可使用驱虫防尘袋或驱虫耳标保护牛群。驱虫喷雾有暂时缓解病情的效果，但需定期重复使用（通常每隔10 ~ 14天喷雾1次）。在肉牛饲料或矿物质舔块中添加含杀虫剂成分的添加剂可抑制粪便中面蝇幼虫的发育，但对成蝇无直接效果。为有效控制面蝇，需同时对犊牛和母牛采取防治措施。若面蝇数量很多，可能需要综合采取以上多种方法。

127. 如何防治牛虱？

当进入冬季时，牛虱的数量会增加，尤其在1月、2月和12月最集中，而在3月气温变暖时数量会下降。牛虱可通过直接接触从一头牛传播至另一头牛。感染牛虱后的症状可包括：脱毛、被毛外观不良、在栅栏和其他物体上可见因摩擦留下的毛发。其他因素也会引起相似的症状，如被毛自然脱落、营养不良、螨虫感染、缺乏矿物质、光敏感和其他疾病。如需确诊牛虱感染，应双手扒开背中线、鬐甲部和面部的被毛，观察虱子的密度。

牛虱驱虫产品可分为几类：喷雾剂、非全身性（接触性）浇泼剂和杀菌剂（全身性浇泼剂，经体内吸收，可体外注射）。有些非全身性浇泼剂只需使用1次，有些需要使用2次（间隔14天）。能否有效控制牛虱取决于驱虫时间。不建议在11月1日至翌年2月1日期间使用全身性杀虫剂，因为这类产品可能会杀死位于食道或椎管内处于发育阶段的牛虱幼虫，从而引起宿主–寄生虫反应。可在秋季断奶期间（通常是9月底或10月）使用全身性杀虫剂，从而控制体内寄生虫、牛皮蝇蛆和牛虱的数量；若未在该期间使用，建议在同年11月至翌年2月期间只应用非全身性驱虫剂。如需在冬季购入新牛群，应检查其是否感染牛虱，如果存在感染，在引入畜群之前应进行隔离和处理。

128. 如何防治牛疥癣病？

疥癣病也称疥疮病，其病原体为疥癣螨虫，可引起人和动物的皮肤病。牛疥癣病是一种常见的寄生虫病，全世界各个地区均有报道。其具有宿主特异性，可以感染躯体任何被毛发覆盖的区域，最初感染的部位常见于鬐甲部、背部和尾根部。该病具有季节性，秋季、冬季和春季较为严重，夏季阳光直射对疥螨病有一定疗效。在凉爽、潮湿的天气里，疥疮螨虫受被毛、皮肤碎片、土壤或稻草保护，脱离宿主后可存活1个月。螨虫会刺穿皮肤，使血清渗出，随着病变部位的扩大，中心形成干燥的痂皮，四周发红形成潮湿的硬皮，在病变部的外周区域螨虫最为活跃。牛疥癣病可导致体重下降，幼畜无法正常生长，还可能导致犊牛或在恶劣天气下放牧的牛死亡。不同国家地区对疥癣病的入境管理及上报要求不同。可选择的药物包括双甲脒、蝇毒磷、伊维菌素、苄氯菊酯或亚胺硫磷等。传统的用药途径为喷淋或药浴，除此之外还可使用伊维菌素注射剂。

 129. 如何进行牛体内寄生虫的防控?

（1）放牧管理　不过度放牧，避开牛粪集中的区域，可降低被寄生虫感染的风险。尽可能避免春秋两季都在都一个牧场放牧，减少秋季牧场粪便寄生虫卵成为下一年春季放牧时的感染源。尽可能只在炎热干燥的天气放牧，减少环境中寄生虫的传播机会。制定轮放策略时需要考虑控制寄生虫，放牧犊牛具有更高的感染风险。

（2）定期对畜群的粪便虫卵计数　在春季和秋季分别根据20头牛的粪便样本，兽医可了解畜群寄生虫负荷和种类，有针对性地制订驱虫计划。

（3）有效合理地使用驱虫药　针对不同的寄生虫种类选择正确的驱虫药。在正确的时间使用驱虫药，如在放牧季节有计划地驱虫可减少对草场的污染；考虑到秋季还需控制外寄生虫，采用喷洒方式驱线虫更方便有效；春季驱虫还能够降低畜群秋季的线虫带虫量。确保正确的药物剂量和给药方式，联合用药。通过粪便虫卵计数确保驱虫治疗的有效性。对于管理良好的牛群，可保留10%～20%的牛不使用驱虫药。

130. 如何给肉牛药浴?

　　药浴是一种用于治疗蜱、蝇、螨虫和虱子等家畜外寄生虫病的有效、经济的方式。药浴用杀虫剂通常为具有直接接触作用的乳油剂或可湿性粉剂。浓缩液必须经过稀释才能使用。其有效成分主要包含三类：①有机磷类，如毒虫畏（氯芬磷）、毒死蜱（氯蜱硫磷）、蝇毒磷（香豆磷）、二嗪农、乙硫磷；②脒类，主要为双甲脒；③合成拟除虫菊酯，如氯氰菊酯、溴氰菊酯、氟氯苯菊酯。

　　为确保药浴的安全性和有效性，需注意以下几点：

　　（1）须训练家畜有序地使用药浴槽。

　　（2）防止外界雨水或洪水进入药浴槽，避免药浴液被稀释，尤其是在热带和亚热带地区，药浴槽应具备顶棚和良好的排水系统。

　　（3）药浴槽需要正确的可见刻度，用以校准药浴液的浓度，避免杀虫剂过多或过少。

　　（4）定期排空清洁药浴槽内的泥浆，避免影响刻度的读数，降低药浴抗寄生虫的效果。

　　（5）遵守抗寄生虫药物的产品说明，正确使用药浴液。

　　（6）确保每头家畜的躯体都完全浸润在药浴液中。在药浴前，家畜体表必须保持干燥，必须保证每头家畜在药浴液中至少停留1分钟，其头部必须至少浸润2次。需注意天气，如果在药浴后12小时内下雨，可能会影响药浴效果。

　　（7）注意家畜的安全，在药浴前使家畜充分休息和饮水。对于妊娠、幼龄、患病和年老的肉牛，必须分别治疗，如改为使用驱虫喷雾剂等。

　　（8）操作人员必须穿着防护服，佩戴防护口罩及手套等，避免直接接触含剧毒成分的杀虫剂。如有异常，须及时就医。

　　（9）注意环境污染问题。一些杀虫剂如拟除虫菊酯类可能对湖泊或河水中的鱼类和其他水生生物产生毁灭性的影响，因此必须遵守正确处理药浴液的相关规定。

七、繁殖母牛和犊牛管理篇

131. 舍饲和半舍饲繁殖母牛对牛舍设施有何要求？

　　繁殖母牛舍建设过程中主要考虑为牛提供充足的圈舍、遮阳棚、饲料、水、粪污处理以及保定处理设备。设计的主要原则是最大限度地利用场地的自然环境和提高操作的效率及安全性。对于舍饲和半舍饲的繁殖母牛来说，良好的保定设施既可以节省人力又能提升工作效率。繁殖母牛的保定设施主要包括以下几个部分：接收圈、聚集栏、分群栏、装卸台、通道、保定架、体重秤和病牛舍等。牛场各类设施的基本要求见表7-1。

表7-1　牛场各类设施基本要求

设施	肉牛体重（千克）		
	<270	270~540	>540
接收圈			
立即处理时面积（米²/头）	1.3	1.6	1.9
隔日处理时面积（米²/头）	4.2	4.6	5.6
作业通道（垂直护栏）			
宽度（厘米）	45.7	55.9	71.1
长度（米）		7.3	
作业通道（倾斜护栏）			
底部宽度（厘米）		55.9	
150厘米处宽度（厘米）		81.3	
最低长度（米）		7.3	
作业护栏和育肥牛舍护栏			
高度（米）		1.5	
埋桩深度（米）		0.9	

（续）

设施	肉牛体重（千克）		
	<270	270~540	>540
母牛和公牛圈舍			
高度（米）		1.5	
埋桩深度（米）		1.2	
装卸台			
宽度（厘米）		76.2~81.3	81.3
最低长度（米）		3.7	
坡度（长高比）		1.4	
通道入口			
宽度（米）		3.7	

注：繁殖母牛场应该按照牛体重540千克以上设计圈舍。引自：T Marrx，《The Beef Cow-calf Manual》，2008.

 132. 繁殖母牛管理月历的内容有哪些？

对于农牧交错带地区的繁殖母牛，一年的时间内可以将产犊季分为秋季产犊季、冬季产犊季和春季产犊季三个方案。按照每一个产犊季经产母牛80天，初产母牛60天的时间计算，全年的生产计划按照表7-2进行。

表7-2 繁殖母牛管理月历

管理内容	秋季 10月15日至翌年1月5日	冬季 12月15日至翌年3月5日	春季 2月1日至4月20日
产犊			
初产牛进入产犊牧场	9月1日	11月1日	12月15日
初产牛产犊	9月15日	11月15日	1月1日

（续）

管理内容	秋季 10月15日至翌年1月5日	冬季 12月15日至翌年3月5日	春季 2月1日至4月20日
经产牛进入产犊牧场	10月1日	12月1日	1月15日
母牛分群		入牧场后每周	
经产牛产犊	10月15日	12月15日	2月1日
犊牛打耳标记录		出生	
初生体重（种牛）		出生	
犊牛腹泻		出生直至春季放牧	
		选种	
选留或购买种公牛	春季至秋季	春季至冬季	秋季至冬季
选留后备母牛	断奶至8、9月	断奶至10月	断奶至11月
淘汰母牛	8月、9月	10月	11月
		配种	
公牛繁殖力检测		配种季开始前	
青年牛配种开始	12月10日	2月10日	3月24日
青年牛配种结束	2月5日	4月11日	5月23日
经产牛配种开始	1月5日	3月7日	4月24日
经产牛配种结束	3月26日	5月26日	7月13日
		健康管理	
犊牛免疫注射		出生1周内和断奶前30天	
犊牛去角、阉割		出生1周或3个月内	
后备母牛、犊牛免疫注射（2~6个月）	3月1日	5月1日	7月1日
经产牛免疫注射（空怀2~3周、配种前）	12月15—22日	2月14—21日	4月3—10日
青年母牛免疫注射（配种前3周）	至11月19日	至1月20日	至3月3日
犊牛免疫注射（断奶前3~4周）	约8月1日	约9月15日	约10月15日

（续）

管理内容	秋季 10月15日至翌年1月5日	冬季 12月15日至翌年3月5日	春季 2月1日至4月20日
	记录		
后备母牛打耳标或烙印	10—11月	10月至翌年1月	12月至翌年2月
称重和评估	7月1日	9月1日	10月15日
记录数据	至8月1日	至10月1日	至11月15日
	体内寄生虫		
经产牛驱虫 （至少1年1次）	9—11月		
犊牛驱虫 （断奶前3～4周）	约8月1日	约9月15日	约10月15日
周岁牛驱虫	4月1日		
	体外寄生虫		
浇泼蝇蛆药	9月1日至10月15日		
浇泼或喷洒驱虱药	1月		
	出售		
断奶犊牛	8月或9月	10月	11月
周岁牛	7—9月	8—10月	10月
淘汰母牛	11月	11月	11—12月
淘汰公牛	5月以后	7月以后	8月以后

资料来源：A L Eller Jr，《Beef Cow-Calf Management Guide》，1991。

133. 肉用繁殖母牛养殖场在养殖规模上有哪些要求？

根据肉用繁殖母牛的养殖方式，其养殖规模略有不同。目前，比较常见的繁殖母牛养殖方式有三种，分别是全舍饲、半舍饲和放牧饲养（图7-1）。全舍饲是繁殖母牛在寒冷的冬季完全舍内封闭饲养，春、夏、秋三个季节在舍内饲喂，在舍外自由活动。这种饲养方式由于肉用繁殖母牛受到圈舍的限制，活动范围有限，并且全舍饲的过程需要人工较多，劳动成本将增加，因此这类养殖方式母牛的规模不易过大，一般要求在60头以下。半舍饲的饲养方式，繁殖母牛在6月初至10月初在草场放牧，冬春季节在饲养场饲喂。这种养殖方式由于增加了放牧的过程，对提高繁殖母牛的繁殖效率有促进作用，并且放牧过程也减少劳动力成本，可以适当增加养殖规模，但也不宜超过200头。在放牧饲养方式下，繁殖母牛夏季和秋季在牧场正常放牧，进入冬季除依靠野外饲草或粗饲料进行放牧，在晚间收牧后要补饲一些精粗饲料。这种养殖模式主要依靠天然的草场和农作物秸秆资源。因此，其规模可以根据草场面积进行估算，一般情况下每667米²草场可以供养1头繁殖母牛。

图7-1　繁殖母牛放牧养殖（左）和舍饲养殖（右）

 134. 全年产犊或季节产犊哪种方案更为适宜？

　　繁殖母牛的饲养目的是生产出健康的断奶犊牛，犊牛的生产方式可以选择全年产犊或季节产犊。全年产犊是繁殖母牛不进行同期发情控制，全年任何时间发情即配种，这种方式可能导致每一个发情周期都会有母牛配种，也就有母牛不定期地产犊。而季节性产犊是在某一个时期采用同期发情技术让全群或者某一群母牛同时发情，进而配种，这种方式母牛产犊的时间相对比较集中，被称为产犊季。在农牧交错带地区宜采用季节性产犊的方式进行生产。采用这种方式生产的犊牛断奶时体重比较均一，市场接受度较高；可以在配种季和产犊季集中使用劳动力，减少长时间雇佣劳动力的成本；并且实施季节性产犊的方式，可以对妊娠母牛进行统一的营养管理，减少因为分群带来的应激和成本增加。

 135. 繁殖母牛发情配种应遵循何种技术路线？

繁殖母牛在发情配种过程中坚持的原则是通过管理最大限度地提高母牛的受胎率。繁殖母牛的生理循环基本是稳定的，可以分为五个阶段（表7-3）。

表7-3　繁殖母牛生理循环

生理阶段	时间跨度（天）
妊娠前期（前3个月）	94
妊娠中期（中间3个月）	94
妊娠后期（后3个月）	94
产犊后再配种	83
哺乳期	可变
总计	365

一般情况下，繁殖母牛的妊娠期是270～300天，平均在282～285天，初产母牛的妊娠期会略短于经产母牛。繁殖母牛的生产周期主要是由产犊后再配种和哺乳的时间决定，因为一旦母牛再次配种成功，就进入下一个妊娠周期，但是上一个生产周期仍然在继续，直至犊牛断奶。对于繁殖母牛场来说，要在365天的周期内生产一头健康的犊牛，就要完全按照母牛生理循环的时间点进行管理。但需要注意的是，通过饲养管理只能尽量缩短繁殖母牛的生产周期，而非其生理周期，生产者可以通过尽可能缩短配种季的长度，让大部分母牛在较短的产犊季节产犊，从而提高生产效率。这就要求生产者尽量缩短母牛产犊后再次发情的时间间隔，并且提高母牛的受胎率，因为即便是在同一群的母牛中也会存在个体差异，导致生产周期发生变化。

136. 青年母牛配种前以及妊娠前期、中期和后期在营养上有哪些要求?

青年母牛配种前要注意营养的供给,因为它们需要在15月龄大的时候完成配种,这样才能保证在24月龄的时候产犊,这个时期要求其日增重在0.7 ～ 1.0千克,在配种时其体重要达到成年体重的60% ～ 65%,体况评分要在4 ～ 6分。青年母牛由于体型较成年母牛小,妊娠前期的营养需要略低于经产母牛,但是其采食粗饲料的能力也相对较低,这个时期应该给青年母牛适当饲喂苜蓿干草、青绿饲料或者谷物青贮饲料。妊娠中期的母牛除应保证充足的能量和蛋白外,还应注重补饲矿物质和维生素,尤其是在粗饲的情况下,特别要注意钙、磷的搭配,在这个时期根据饲喂的基础日粮,要保证青年母牛每天有30 ～ 100克矿物质的摄入,同时要适量补饲食盐,以保证动物有足够的采食量。这个时期的青年母牛增重较成年母牛高一些,日增重可以控制在0.5千克左右。青年母牛妊娠后期,由于胚胎的迅速发育以及青年母牛自身的生长,需要额外增加0.5 ～ 1.0千克的精饲料,但饲喂量不宜超过妊娠母牛体重的1%。胎儿日益长大,胃受压,从而使瘤胃容积变小,采食量减少,这时应该饲喂一些易于消化和营养浓度高的粗饲料,并补充维生素、钙、磷等矿物质。如果这一阶段营养不足,将影响青年母牛体格和胚胎的发育。如果营养过剩,将导致母牛肥胖,引起难产、产后综合征等。

137. 成年母牛繁殖期的管理要点有哪些?

成年母牛繁殖期的管理关系到其生产的断奶犊牛的质量,进而影响繁殖母牛群的经济效益,主要应注意以下几点:

(1)卫生防疫工作 肉牛较常见的传染病有口蹄疫、布鲁氏菌病、结核病、炭疽等,要按时对牛群按时进行检疫,对患有传染病的牛要及时隔离或淘汰，杜绝传染病传人或传出牛群。常见的寄生虫病有线虫、蛔虫、肝蛭、牛皮蝇、蜱、虱等，应按时进行驱虫工作。驱虫一般在春、秋季各进行一次。对圈舍、运动场也要保持清洁，要经常化、制度化进行消毒。

（2）建立生长发育测定与记录制度 通过定期测量体重、体高和胸围等，判断肉牛生长发育情况，进行日粮调整，以达到预期的要求，并记入档案，以备育种工作需要。

（3）编制生产计划 生产计划有配种产犊计划、牛群生产与周转计划、饲草与饲料供应计划等。及时淘汰繁殖能力低的母牛，选留足量母犊牛和后备青年母牛，进行牛群周转，做到四季饲草料的均衡供应。

（4）合理放牧 放牧可降低饲养成本，但要本着保护和利用草坡、草地并重的原则进行。

（5）分群 断奶后的犊牛要公、母分群，充分利用公牛生长发育快、饲料转化效率高等优点以获得最大经济效益，并可避免乱交乱配。对没有分群条件的、不留作种用的公牛要及时进行阉割处理。

138. 如何将体况评分作为母牛营养管理的重要工具？

保持母牛处于适宜的营养状况，对保证母牛产后50～90天内再次发情、确保产犊间隔为365天来说至关重要。如果母牛在产犊和繁育时营养不良或体况不佳，则其再次发情的时间会更长，而且在每个妊娠期都可能需要饲养人员更多的关注。母牛在产犊和繁殖期间需要适当的脂肪储备，以确保良好的繁殖性能。然而，过于肥胖的母牛也会表现性能下降，难产的发生率也会更高。体况评分可以衡量母牛饲喂程序的有效性，可以帮助养殖者规划补充喂养程序，以保持母牛足够的生产力。体况评分(BCS)是用数字来表示母牛的膘情程度，建议使用9分制，1分为极瘦，9分为极肥（表7-4）。

表7-4 不同体况评分特征描述

评分值	特征描述
1	瘦骨体况：极度瘦弱，表现为肩部、肋骨、脊柱、臀部和盆骨的骨架轮廓清晰可见，触摸有尖锐感，以尾基部和胁部尤为突出，无可见的脂肪沉积，肌肉组织很少
2	瘦弱体况：体况消瘦，尾根凹陷，胁部尖锐感较轻，脊椎触摸有尖锐感，后躯有可见的肌肉组织存在
3	瘦型体况：单根肋骨清晰可辨，但触及无明显尖锐感，在脊柱和尾根部有微量的脂肪沉积，在胁部有少量脂肪组织覆盖
4	临界体况：有3～5根肋骨轮廓可辨，脊椎仍能被触摸到，但感觉末端圆润而乏尖锐感，尾根部和胁部有脂肪沉积
5	适中体况：整体外观良好，脊柱轮廓模糊，胁部有脂肪沉积且富有弹性，但有1～2根肋骨轮廓清晰可辨；尾根两侧虽有脂肪沉积，但坐骨端骨骼轮廓可辨
6	适中偏上体况：肋骨和脊柱轮廓消失，用力方可触及脊椎，胸部、胁部和尾根周围都有脂肪组织沉积，背部圆润
7	良好体况：体躯较丰满，胸部和胁部均现脂肪沉积，肋骨和脊柱轮廓消失，且乳房和尾根周围有轻度脂肪沉积，但坐骨端骨骼轮廓依稀可见
8	肥胖体况：体躯丰满，脂肪和肌肉堆积，很难触摸到骨骼，胁部、尾根周围和胸部有块状脂肪沉积
9	超肥体况：体躯外观平直，呈矩形，过度的块状脂肪沉积，赘肉堆积，体态臃肿，运动迟缓，骨骼结构完全消失，在胁部、尾根周围和胸部有过量脂肪沉积

多项研究证实，母牛在繁殖期间保持适当的体况评分十分重要（表7-5）。体况评分为5或6可以实现母牛妊娠率达到90%甚至更高。体况评分在6以上时不仅繁殖率不会增加，还会额外消耗更多的饲料，因此并不推荐。如果母牛群体内有特别瘦的母牛，最好的解决方法是在断奶时将它们从群体中分离出来，并在产犊前加强管理，提高体况。

表7-5　不同生理阶段的适宜体况评分值

母牛类别	生理阶段	适宜体况评分值
青年母牛	临近配种时	5~7
	妊娠6个月时	5~7
	临近产犊时	6~7
成年母牛	哺乳前期或再次配种时	5~6
	哺乳后期或犊牛断奶时	5~6
	产犊前3个月	5~7
	临近产犊时	6~7

139. 母牛孕期最后1/3阶段的管理须注意哪些问题？

这是母牛繁殖周期中非常重要的一个阶段，这个阶段母牛的饲喂和管理的好与坏，将直接影响母牛的配种计划以及犊牛的健康。如果母牛要在365天的周期内生产一头健康犊牛，那么它就需要在产犊后的83天内完成配种。母牛产犊后子宫恢复到可以妊娠的状态需要40天，意味着母牛需要在最初的2个情期内完成配种。在母牛孕期的最后1/3阶段，其营养需要量急剧增加，因此在这个阶段的采食量下降极有可能造成母牛繁殖性能的降低。这个阶段营养需要量增加的主要原因在于胎儿的增长，胎儿增长的70%都发生在这个阶段。由于胎儿生长过程增重主要是蛋白质，因此随着产犊日期的临近，母牛的蛋白质需要量也日益增加。对于体重500千克的妊娠母牛，其每天的干物质采食量是8千克，其中应该包括330克可消化蛋白质。这个时期应该对妊娠母牛进行分群饲养，主要分群的依据是体况和月龄。

母牛流产的原因和预防措施有哪些？

引起母牛流产的因素主要有非感染性因素和感染性因素。其中，非感染性因素主要有营养性因素、中毒性因素、应激因素、药物因素、生殖器官疾病因素和其他因素。感染性因素包括细菌感染、布鲁氏菌感染、李斯特菌感染、大肠杆菌感染、病毒性腹泻、霉菌感染和寄生虫感染。预防母牛流产的措施包括注意母牛营养平衡，根据母牛营养需要，保证母牛对维生素、矿物质、微量元素的均衡采食。加强牧场环境卫生监督和定期消毒、疾病预防工作。在引进外来牛时要把好关，不让带有任何疫病的牛进入。外来参观者要衣着干净，鞋和任何可能与牛接触的东西都需要消毒。有条件的牧场可采用安全性好的疫苗进行预防。重视牧场系统性管理，减少母牛应激。对于牧场管理人员来说，可预先建立一套合理的程序，尽可能获取发生流产母牛的各种资料，任何群发性流产都是从单一牛开始，正确分析就可以防止流产暴发，降低突发事件。调查流产记录时，良好的记录是十分重要的，如饲喂时间和健康记录（疾病治疗情况、疫苗注射情况）、饲料变化、人员变动等，根据这些信息，兽医基本可以分析出母牛流产的原因，并能及时采取相应措施。

 母牛妊娠最后3个月的管理要点包括哪些内容？

母牛妊娠的最后3个月是整个繁殖周期中非常重要的时间段，这个时间段中母牛的饲喂和管理情况，将很大程度上决定母牛产后发情间隔和犊牛的健康。这个阶段的管理要点：①进行母牛分群，根据母牛体况和类型进行分群处理，以保证根据营养需要提供营养充足的日粮，如分成头胎和二胎牛群、后备母牛群、瘦牛群等；②保证矿物质盐补饲充分，如放牧的母牛需要补充镁以防止其发生草抽搐病（缺镁症），并且需要给妊娠母牛补充硒；③注意观察，特别要注意母牛是否有脱肛、流产和早产的现象，这个阶段是母牛脱肛的高发时间，而且在该阶段出现流产一定要进行症状检查；④进行体外寄生虫的驱虫；⑤尽量少对妊娠母牛进行保定处理等操作。

 142. 产犊季母牛管理要点包括哪些内容？

母牛产犊后要尽快将带犊母牛和妊娠母牛分群，这样可以保证各自都能满足营养需要。在产犊季要对初产母牛进行格外关注，因为初产母牛出现繁殖问题的概率是经产母牛的5倍。产犊季也应该注意对母牛进行矿物盐类的补充，尤其是一些特殊的微量元素需要额外添加。要做好产房的清理工作，保证地面的干燥，同时要保证助产的方便性、母牛进出的便利性。要注意观察母牛是否表现出良好的母性如是否主动哺乳犊牛，需要观察母牛乳头是否湿润，确保犊牛能够有充分的营养补充。

 143. 产犊季犊牛管理要点包括哪些内容？

对新生犊牛的脐带进行消毒，一般可以使用碘伏。确保犊牛在出生30分钟之内能够喝到初乳，因为这对于犊牛被动免疫的建立十分重要。要区分健康犊牛和病牛，一般情况下病牛会表现出头耳下垂、快速呼吸、腹泻、非正常站立和趴卧，或者表现出与正常牛群分离的状态。这个时候需要尽快对病牛进行处理。对腹泻的犊牛要有预处理或治疗程序，因为腹泻引起的脱水和并发症是造成犊牛死亡的主要原因。要观察母牛对犊牛是否有哺乳的行为，对于母性较差的母牛所产的犊牛要进行适当的补饲，以保证犊牛正常的营养摄入量。在极端寒冷的环境下，还需要对犊牛进行人工取暖的操作。

144. 犊牛断奶前需要做哪些处置？

犊牛在断奶前需要的处置包括脐带消毒、身份标识、疫苗免疫、去势、去角等。

（1）脐带消毒　使用一些非刺激性的消毒液，并且越是在舍饲条件下饲养越需要及时消毒，在放牧条件下的初生犊牛可能不需要进行脐带消毒。

（2）身份标识　可以选择可视耳标、烙印和电子耳标。使用可视耳标要保证所书写的编号内容清晰可见；进行烙印时要保证烙印编号连续，因为烙印属于一种永久性的编号，会跟随牛的一生；电子耳标是以纽扣式耳标打在耳朵上。

（3）疫苗免疫　免疫程序需要因地制宜，咨询当地的畜牧兽医部门关于流行病暴发的规律，选择合适的疫苗免疫程序。注射疫苗时最好选用皮下注射方式，如果一定要选择肌内注射，要选择颈部位置（图7-2）。

图7-2　犊牛皮下注射选择的位置

（4）犊牛去势　要越早越好，尽量在犊牛8月龄以内完成去势，因为随着犊牛月龄的增长，去势所造成的应激对其生长的影响越大。去势的方式可以选择手术去势和非手术去势，手术型去势需要将犊牛保定后，将阴囊切开，取出睾丸后在精索处切断。

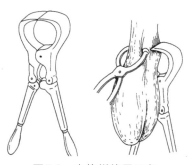

这种去势的方式在犊牛8月龄之前都可以使用，并且月龄越小其出血量越小，造成感染的概率也越低。非手术型去势是指在去势的过程中不造成开创性的伤口，使用去势钳（图7-3）或者橡胶皮圈进行去势，这种方式的去势更加适合小月龄的犊牛，尤其是使用橡胶皮圈，尽量在犊牛1月龄之前完成。

图7-3　去势钳使用示意

（5）犊牛去角　可以与去势同时进行，尽可能在牛角刚刚出现的时候进行去角的处理，可以减轻应激对犊牛生产性能的影响。有两种去角的方式，一种是采用去角药膏，在角基的地方均匀涂抹1毫升药膏，至少经过1小时，待药膏完全吸收之后，再将犊牛放归母牛进行哺乳；另外一种方式是采用热烫的方式，在角基的位置使用加热后的电烙铁烧至底层组织焦化后即可（图7-4），2月龄以内的犊牛都可以采取这种方式去角。

图7-4　使用热烫方式进行去角处理

145. 何谓犊牛固体料低栏补饲？其优缺点如何？

在犊牛生长的某些特定时间段内，由于环境和饲草料因素，犊牛仅靠哺乳无法满足其生长需要或发挥其最大的遗传潜力的情况下，需要给犊牛额外补充饲料，这个时候可以选用一个围栏将补饲槽区分成母牛区域和犊牛区域，犊牛可以通过围栏的下半部分进入补饲区域采食（图7-5）。

图7-5　犊牛的低栏补饲区

（1）低栏补饲的优点　犊牛的断奶体重平均可以增加18千克；对于放牧牛来说，可以增加草地的载畜量；犊牛提前熟悉谷物饲料，可以缓解换料带来的断奶应激，断奶时体重下降得更少；犊牛断奶时的整齐度更高。

（2）低栏补饲的缺点　补饲的犊牛对牧草的利用率不高；补

饲的犊牛采食量变化较大；某些情况下犊牛补饲的饲料转化效率低；补饲的犊牛在育肥阶段可能会浪费更多的精饲料，因为未补饲的犊牛会表现出补偿生长；过肥的犊牛没有价格优势。

146. 断奶时的母牛管理要点包括哪些内容？

断奶时母牛要进行孕检，这不仅能够反映牛场繁殖管理水平的高低，而且也可以及时发现母牛的繁殖问题，规划产犊季的时间安排。大部分母牛都会存在体内或者体外寄生虫，这对于妊娠母牛十分不利，要根据养殖场的情况制定专属的驱虫计划。要对母牛建立一套评定体系，结合繁殖性能评分标准，尽量保留繁殖性能高的母牛，对一些乳房、眼睛或者肢蹄有问题的母牛可以适当淘汰，并且一些体况特别差或者年龄大的老母牛也要及时淘汰。淘汰母牛的时候要结合繁殖性能记录，而不是因为母牛乏情或者空怀就淘汰。这个阶段母牛的营养需要量比较低，即使供料不足，也不会对母牛或者胎儿造成太大的影响。

147. 断奶时的犊牛管理要点包括哪些内容？

断奶是犊牛面临的第一次应激，这个应激可能会持续 7 ~ 10 天，如果这个时候还需要进行疫苗免疫或者去势、去角等处理，应激的时间还会延长。因此，这个阶段要根据犊牛应激状况选择适当的免疫增强疫苗，或者注射适当的营养药剂。注意观察犊牛的采食和饮水情况，这个时期容易暴发呼吸道疾病和肺炎。将病牛迅速隔离到单独的圈舍，一方面防止传染，另一方面可以单独照管。犊牛在采食干草的时候通常更容易采食长草而非粉碎的草粉或者干草颗粒，所以断奶犊牛料槽中可以适当增加长草的比例。如果断奶犊牛要售卖或者长距离运输，这个时候一定要通过饲喂电解质盐水、复合维生素或饲用酵母等，减少运输过程中的掉重。

148. 农牧交错带地区繁殖母牛冬季饲养需要注意哪些方面?

农牧交错带地区冬季温度偏低，多风多雪，这些地区冬季饲养的母牛需要增加代谢率，从而提高身体产热量来应对极端寒冷天气带来的影响。因此，农牧交错带地区冬季养殖繁殖母牛需要注意以下几方面：

（1）防风　冬季寒冷的季节，母牛体温会受到寒风的影响迅速降低，因此要在牛圈舍周围设立挡风墙，或者密集种植可以挡风的树木。

（2）垫草　垫草对于冬季饲喂的母牛非常重要，干燥厚实的垫草可以在牛体和地面之间形成隔热层，从而保证牛的体温不会大幅度变化。对于产犊季在冬季的母牛，垫草对犊牛来说也至关重要。干净的垫草可以保证母牛的乳头不被粪便污染，从而保证犊牛在哺乳过程中不会感染细菌。

（3）圈舍管理　及时将圈舍中的积雪和水槽周围的冰块清理干净，以防止母牛在行走或饮水过程中滑倒，造成流产或者肢蹄损伤；及时清理圈舍中牛经常走动位置的粪污，牛行走在冰冻的粪污之上，会增加肢蹄的负荷。

（4）营养　母牛需要在秋季的时候通过营养调控的方式积累一定量的增重和体脂肪以备其安全过冬。冬季随着温度的降低，母牛的采食量将呈现先升高后降低的变化，尤其在极端寒冷的天气下，母牛通常不愿意离开休息区域去采食。因此，这个阶段需要将饲粮的能量浓度提高，以保证母牛有足够的能量用于御寒。

149. 商业化母牛群如何进行群体性能改良?

对于商业化母牛群来说，进行性能改良可以通过两种方式进行。

（1）环境管理　因为环境对动物的生长性能潜力的发挥十分重要，因此对环境进行适当的控制，可以更好地发挥动物的生长潜力。

（2）基因选择　选择生长性能良好的个体作为种畜，将优良的性状遗传给下一代，所选择的性状指标有校正断奶重和周岁重。另外，还有一些体尺性状与动物的体型存在较强的线性关系，如母牛的臀高与成年体重有较强的正相关关系，因此选择臀高指标较高的牛可以得到成年体重较重的后代。

八、育肥牛管理篇

150. 肉牛为什么要进行育肥饲养？其生长发育的原理是什么？

肉牛经过短期（3～6个月）或中长期（7～12个月）育肥，可以充分发挥牛的生长潜力，获得更高的日增重、屠宰率和更多的优质牛肉，从而提高肉牛养殖的经济效益。

育肥的基本原理是给牛提供高于其本身维持需要的能量、蛋白质、维生素和微量元素等营养物质，过量的营养物质在肉牛体内转化为肌肉或脂肪，从而提高肉牛的日增重和牛肉品质。肉牛的维持需要一般通过肉牛的体重进行计算，超过维持需要的部分（即为增重需要），可以根据肉牛的品种、性别、年龄、牛肉档次和饲料、饲养方式等因素，按照肉牛预期的日增重进行计算。一般而言，在肉牛育肥前期以骨骼生长和肌肉发育为主，育肥后期以沉积脂肪为主，因此育肥前期日粮应注意蛋白质、钙、磷、镁等营养素的供给，后期口粮应注意能量和能氮比的控制。

151. 北方农牧交错带地区常见的适于育肥的肉牛有几种类型？

北方农牧交错带地区结合了农区养殖和牧区养殖的两种形态，适于进行育肥的肉牛类别较多，按照生产性能、体型、年龄、性别等分为以下几种：

（1）按性能　分为生产普通牛肉的肉牛品种和生产高档牛肉的肉牛品种。前者包括当地土牛及其与西门塔尔牛、夏洛莱牛、海福特牛的杂交品种；后者包括安格斯牛、利木赞牛及其与当地土牛的杂交后代、强度育肥的奶公牛等。

（2）按体型　分为大型肉牛品种和中小型肉牛品种。前者如西门塔尔牛、夏洛莱牛、利木赞牛等；后者包括安格斯牛、海福特牛、和牛、本地黄牛等。

（3）按年龄　分为犊牛、青年牛和成年牛（包括淘汰牛育肥）。奶公犊是犊牛育肥的首选；青年牛包括架子牛和淘汰青年母牛；成年牛包括未经育肥的公牛和淘汰的成年母牛、老龄牛等。

（4）按性别　分为公牛（纯种肉牛、杂种肉牛、奶公犊等）、母牛（淘汰母牛）和阉牛等。

152. 农区开展肉牛育肥的经济规模多大合适？

农区肉牛养殖不同于牧区，由于缺乏天然牧场，养殖中主要依靠荒坡草地、田边杂草、农作物秸秆和人工种植的牧草等作为主要的粗饲料资源，饲养方式以圈养为主，或采用舍饲与放牧相结合的方式。养殖数量与规模应依据圈舍、饲草料资源、人工和资金量等因素而定。散养户以10～20头为宜，便于利用自有饲料和当地饲草料资源降低养殖成本，易于实现精细管理、降低养殖

图8-1　小规模肉牛养殖户

风险；小规模养殖户以20～50头为宜（图8-1），可以采用一定机械设备提高养殖效率，同时具备一定牛交易谈判能力，有利于提高养殖效益和交易利润；适度规模化牛场以50～200头为宜（图8-2），仍可利用一部分自有廉价饲料，同时可采用TMR机、清粪机、饮水设备等自动化设

施设备进一步提高养殖效率，降低人工成本和管理成本；大规模牛场养殖规模一般在1 000头以上（图8-3），超大规模牛场养殖规模甚至达到10 000头以上，相应地机械化程度更高，饲料、人工、管理等成本较高，资金投入高、牛源和疫病防治等养殖风险大。近年来，部分规模化牛场采取与散户开展"公司+农户"的模式进行养殖合作，通常由农户饲养断奶犊牛或饲养母牛繁育犊牛，犊牛养至6～9月龄（即架子牛）后公司回收并进行集中育肥出栏。

这种模式下的饲养量根据农户的资金量、抵押资产、肉牛保险等商议确定，总体养殖成本低、利润高，值得农牧交错区推广。

图8-2 适度规模化养牛场（200头肉牛育肥场）

图8-3 规模化养牛场围栏养殖（2 000头肉牛育肥场）

153. 哪些类型的牛可以利用补偿性增重原理实现短期快速增重？

幼牛在生长发育的某个阶段，如果营养不足而增重下降，当在后期某个阶段恢复良好营养条件时，其生长速度就会比一般牛快，这种特性称作牛的补偿生长。在某些情况下，后期增重较快的牛甚至会完全补偿以前失掉的增重，达到正常体重。

牛在补偿生长期间，饲料的采食量和转化率都会提高。因此，生产上对前期发育不足的幼牛常利用牛的补偿生长特性在后期加强营养水平。牛出售或屠宰前的育肥，也是部分地利用牛补偿生长的特性。但是并不是在任何阶段和任何程度的发育受阻都能进行补偿，而且补偿的程度也因前期发育受阻的阶段和程度而不同。一般在生命早期（胚胎期、3月龄以前）的生长发育受阻，很难在下一阶段（4～9月龄）进行补偿生长。在某一组织器官生长强度最大的时期生长发育受阻严重，则该组织器官在后期也很难实现补偿生长或完全的补偿生长。生长发育受阻越轻，则越能实现完全的补偿生长（图8-4）。

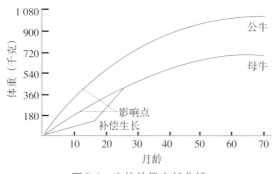

图8-4　牛的补偿生长曲线

在年龄的选择上，大多选择在2岁以内，最迟也不能超过3岁，其中以公牛的生长速度最快，去势牛次之，母牛生长速度最慢。在体型外貌上选择骨骼生长较快、肌肉生长相对较慢、骨架基本接近成年、体躯肌肉和脂肪较少的瘦牛。根据牛的生长发育规律，3个月短期快速育肥最好选体重350～400千克架子牛；而采用6个月育肥期，则以选购年龄1.5～2.5岁、体重300千克左右架子牛为佳。需要注意的是，能满足高档牛肉生产条件的是12～24月龄架子牛，一般牛年龄超过3岁，就不能生产出高档牛肉，优质牛肉块的比例也会降低。

154. 肉牛饲养常用的育肥阶段如何划分？

（1）犊牛断奶阶段　一般从断奶到12月龄左右，体重从

80 ～ 150千克增加到180 ～ 200千克，该阶段肉牛的特点是生长发育迅速，相对生长强度大，主要以骨骼、内脏和肌肉的生长为主，日粮中的营养物质以蛋白质、矿物质以及维生素等为主，以促进骨骼和肌肉的生长（图8-5）。

图8-5　散养的哺乳期犊牛

（2）架子牛育肥前期　一般从12月龄到15 ～ 18月龄，体重从200千克增加到400 ～ 500千克，该阶段骨骼和肌肉的生长基本完善，需要控制粗饲料的采食量，同时增加精饲料的饲喂量，采食量需要达到体重的2%左右，精粗饲料比为60 ：40或65 ：35。可细分为前期（体重<350千克）和后期（体重>350千克），前期适当补充粗蛋白质饲料，后期逐渐增加能量饲料用量（图8-6）。

图8-6　育肥前期的架子牛

（3）架子牛育肥后期　继续育肥到20～24月龄，西门塔尔牛体重达到600～700千克，此阶段为牛的成熟期，此时肉牛肌肉的生长变慢，增重速度减慢，主要进行脂肪的沉积。这一阶段的饲喂是为了增加肌间脂肪和肌内脂肪的量，提高牛肉品质。饲喂时通常以高能量饲料饲喂，精粗饲料比为70∶30或80∶20，控制青绿饲草和玉米的用量，注意维生素A、维生素D、维生素E的补充，以改善肉的品质和色泽（图8-7）。

图8-7　育肥后期的牛身上出现明显的皱褶

155. 如何确定肉牛的育肥目标和育肥期？

肉牛的育肥目标和育肥期主要依据牛的品种、育肥方式、牛价和市场消费等因素确定。

（1）牛的品种　夏洛莱牛、皮埃蒙特牛、海福特牛、西门塔尔牛等，以追求高日增重为目标，日粮营养充足情况下育肥期短；安格斯、利木赞牛、和牛等，以生产高档牛肉为目标，育肥期相应延长。

（2）育肥方式　包括放牧育肥、舍饲育肥和围栏育肥等。放牧育肥充分利用草场的牧草资源，辅以少量精饲料，育肥期较长，出栏重较小；舍饲育肥和围栏育肥以饲喂精饲料为主，营养物质摄入较多，运动消耗较少，育肥期较短，出栏重较大。

（3）牛价和市场消费　根据牛的日增重和饲养成本，参照当地实时销售价格，计算利润平衡点，决定育肥期和出栏时机。

此外，年龄小的牛因体重小而育肥期长，大龄牛育肥时间较短；体质差的牛因增重慢而育肥期长，而体质壮的牛育肥期较短；体膘较瘦但健康的牛，因有补偿生长作用而育肥期短；育肥牛开始体重小，育肥结束体重大，育肥期长；育肥结束要求体膘厚度较厚的牛，育肥期较长；养牛户的资金充裕、技术水平较高，可适当延长育肥期。

156. 拴系饲养和散栏饲养哪种模式育肥效益更好？

散栏饲养与拴系饲养是两种常见的饲养模式，各有利弊（图8-8、图8-9）。散栏饲养可以增加牛的运动量，有助于促进消化和提高疾病抵抗力，对预防疾病有很大的好处；并且散栏牛舍内部设备简单，造价低，可以减少垫草消耗。散栏饲养的缺点是不易做到牛的精细管理，并且由于共同使用饲槽和饮水设备，传染病发生的机会多。拴系饲养的优点是节约场地、减少运动消耗、增重快和便于个别牛的精细管理，缺点是限制牛运动而不利于其生长发育，容易患肢蹄病；并且饲养管理人工工作量大、畜舍条件不佳。目前国内新建的集约化肉牛场大多采用散栏饲养。

图8-8　拴系饲养　　　　　图8-9　散栏饲养

157. 以盈利为目的的肉牛育肥饲养如何选择牛源？

　　养殖场为了获得理想的经济效益，最好对育肥牛作出适当的选择。首先是肉牛品种的选择，应尽量选择生产性能高的国内外以及杂交种肉用型品种牛，也可以就地取材选择本地数量多的肉牛品种以降低生产成本。其次，要对育肥肉牛的年龄进行选择，不同年龄阶段的牛生长特性也不相同。根据生产条件、投资能力和产品销售渠道等综合考虑，尽量选择1～2岁的青年牛，这一阶段的牛生长旺盛，生长能力比其他年龄肉牛高，既可生产出高档和优质牛肉，也可在市场发生变化时易于变更饲养方式来进行盈利。再次是对育肥肉牛的体型进行筛选，良好的肉用体型是获得好的育肥效果的重要因素，而体型中等、骨架较高、肌肉丰硕、膘情中上等为最理想的适于育肥的牛体型要求。最后也可以考虑牛价、养殖成本和收益，如挑选价格相对较低的奶公犊进行育肥等（图8-10）。

图8-10　活跃的牛市交易区

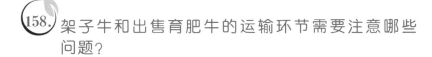

158. 架子牛和出售育肥牛的运输环节需要注意哪些问题？

（1）根据运输距离、运输价格、运输安全以及气候条件选择适宜的运输工具。

（2）检查运输车辆是否证件齐全，车辆各部件是否无损，车厢结实程度，以及有无防滑设施（图8-11）。

图8-11　满载的双层运牛车

（3）选择驾龄较长、技术熟练、精神状态良好的司机。

（4）计算每头牛应占的车厢面积。装运数量过多时易造成牛伤残，装运数量少时则增加运输成本。

（5）车辆启动要慢，停车要稳，行车途中不紧急刹车，中速行驶。

（6）运输途中经常检查牛的状态，看有无倒地，如有应帮助其站立，避免踩伤踩死。

（7）运输距离较远时，途中应给牛喂料饮水，4～5小时休息一次。如遇恶劣天气则停运。

159. 如何控制运输过程中肉牛的掉重？

（1）运输距离越远，运输过程中肉牛的掉重越大，应合理安排运输工具。装车前应进行12～24小时的停料、4～6小时的停水。

（2）少饲喂青绿多汁、易泻性饲料。可服用或注射维生素A、长效药物等减少牛的应激。在装运牛只前对每头牛应占车厢面积进行计算，合理装运牛，避免因拥挤碰撞而导致失重过多。

（3）在车辆行驶途中不急刹车，中速行驶，拐弯减速，减少牛的应激反应和牛与牛之间的碰撞。如遇雨雪等恶劣天气，应停运。夏季应在气温较低的傍晚和夜间运输，冬季应在气温较高的中午到下午运输。

160. 新入场的架子牛应采用哪些接收饲养程序？

新接收入场的架子牛应进行检疫、称重、消毒，并记录牛耳号、日期、品种等个体信息。根据体重、品种、性别、年龄等对架子牛进行分群饲养。分栏饲养时，避免互不相识的架子牛发生争斗、爬跨等现象，可先在运动场地互相熟悉后再合并，或者采取绳子拴系等方式减缓争斗、爬跨。新接收入场的架子牛应进行过渡饲喂，目的是恢复牛的精神状态以及适应新环境。经长途运输的架子牛卸车后的首次饮水要控制在10～15升以内，防止饮水过量伤及肠胃。水中可掺少量麦麸、电解多维或中草药等抗应激制剂调节胃肠功能。喂水2小时后可自由饮水。前3天可以只喂长干草，或逐渐给予少量精饲料（体重的0.5%～1%），不喂青贮或霉烂变质饲料。按照场区要求进行去角、驱虫、健胃、接种疫苗、修蹄等。饲养者对待牛要态度温和，不要高声吆喝、鞭打牛，并保持牛舍清洁、干燥、安静，让牛尽快适应，缩短过渡期。

161. 肉牛育肥开始的过渡饲养期需要完成哪些工作?

肉牛在进入正式育肥前都要进入约2周的过渡期。过渡饲养期虽然很短,但饲养管理工作的好坏直接影响后期育肥的效果和育肥饲养的效益。因此,需要做好肉牛育肥过渡期的饲养管理。

(1) 充分饮水 尽量满足需要或自由饮水 (图8-12)。

图8-12 恒温自动饮水器

(2) 驱虫 驱除肉牛体表和体内寄生虫,根据不同剂型可选择口服、灌服和皮下注射。常用的驱虫药如伊维菌素、阿维菌素、左旋咪唑、阿苯达唑、芬苯达唑等,对体内线虫、球虫及体外虱、螨、蜱、蝇蛆等均有效,硝氯酚对肝片吸虫有效,贝尼尔或黄色素对焦虫病有效,莫能菌素或磺胺二甲嘧啶等对球虫病有效。一般可在饲料中拌匀或投入饮水给药。体表外寄生虫也可采用浓度为0.1%的敌百虫溶液、0.1%二甲脒或0.3%伊维菌素、辛硫磷、马拉硫磷等喷洒患处,注意喷洒前让牛饮水,以防止牛舔饮药液。

(3) 接种疫苗 按期进行口蹄疫疫苗、无毒炭疽芽孢疫苗、布鲁氏菌19号弱毒疫苗、牛出血性败血症氢氧化铝疫苗、传染性胸膜肺炎活疫苗等,并且需记录疫苗的接种时间、接种剂量和操作人员姓名。

（4）称重分群　将年龄相近（±3个月）、体重接近（±30千克）的牛分到同一群饲养，便于调配饲料和进行管理。

（5）去势　对公牛去势后进行育肥，可提高牛肉的嫩度、大理石花纹和口感，若生产高档牛肉，须对公牛完成去势（阉割）。

（6）调整胃肠功能　肉牛过渡期主要任务是使牛适应饲料、饲养方式、饲养环境等变化，调整胃肠功能，防止由于更换饲料造成应激反应，引起消化问题。过渡期主要以自由采食优质干草或青粗饲料为主，逐渐增加精饲料量而转变为育肥期日粮，不使用大量青贮饲料。过渡期采食量一般为肉牛体重的 0.5% ～ 1%。

 162. 阉牛和公牛在育肥饲养方面有哪些不同的管理要求？

（1）阉牛因没有雄性激素分泌而变得性情温顺，便于饲养管理，可以采用围栏育肥；公牛凶悍、好争斗，因此公牛育肥时以拴系饲养较为安全，拴系的绳子必须结实。

（2）阉牛的生长速度、日增重都比公牛慢，营养要求较低，可充分饲喂青粗饲料和农副产品的饼粕类和糠麸类；公牛的日增重较快，要保证公牛的营养水平，增加能量饲料和蛋白饲料供给。阉牛的生长速度、日增重都比没有去势的公牛低，饲料转化效率、经济效益也没有公牛高，屠宰率、净肉率一般也低于公牛。但阉牛育肥后肉质细嫩，肉品质优于公牛，适合进行高档牛肉的生产。

（3）阉牛可以围栏育肥，饲养环境对阉牛影响不大；如果在饲养水平有限的情况下可以与母牛一同饲养。

 163. 青年母牛和成年公牛可否进行育肥饲养？

母牛可以进行育肥饲养，但是青年母牛不建议进行育肥饲养。

在肉牛饲养业发达的国家，可以进行规模较大的母牛育肥，并且取得了较满意的效果。但是在我国还是存在很多问题，青年母牛育肥经济效益不高。一是由于母牛是牛源再生产的基础，就我国目前情况来看，大规模母牛育肥技术还不成熟；二是母牛周期性发情，影响母牛的育肥效果（平均增重低、饲料转化效率低、饲养费用高）；三是淘汰母牛体重在饲喂合适的情况下，可以达到理想的育肥效果，但是青年母牛效果不佳。但是延长青年母牛育肥期可以提高屠宰率和牛肉品质，获得优质肉块。

成年公牛可以做育肥饲养，优点是到达出栏体重的时间较短，占用饲料资金少，资金周转快。成年公牛一般年龄较大，以增加育肥牛体重为盈利目标，但牛肉品质不能得到很好的保证。淘汰牛和老龄牛育肥时沉积脂肪的能力仍较强，短期高精饲料催肥增重速度仍较快，可以通过育肥提高牛的经济价值。

 164. 荷斯坦公牛育肥饲养的标准程序如何？

荷斯坦公牛育肥一般可分犊牛期和育肥期。

（1）犊牛期　采用低奶量早期断奶的方法，并且训练采食干草和犊牛料。1月龄正常吃草料，2月龄左右断奶，平均每天需约7千克奶或代乳粉。犊牛舍一般要求冬暖夏凉，保证垫草干净，有专人饲养；喂奶需要定质、定时、定温、定量，保证牛舍的干燥和通风；保证犊牛饮水干净充足。

（2）育肥期　犊牛断奶后可采用直线育肥直至出栏。断奶至12月龄一般按体重的1%添加精饲料，12～18月龄按体重的1.5%添加精饲料，约18月龄体重达550～600千克出栏。也可选择外购肉牛，一般选择体重200千克左右的架子牛。度过适应期之后就进入育肥阶段，精饲料添加量按体重的1.25%计算，粗饲料可用青贮、黄贮、秸秆和干草等（图8-13）。

图8-13　荷斯坦公牛散栏育肥

165. 如何减少公牛在育肥过程的争斗和爬跨行为?

不同来源的公牛合群时,往往发生争斗和爬跨行为,容易造成牛伤残,严重时发生死亡。因此,在养殖中需要进行管理,减少争斗或爬跨。实施放牧育肥或围栏养牛时,需要注意以下几点:①避免在白天合并调整围栏,应在傍晚时进行,这样可以减少架子牛的争斗。如有较大面积的运动场地,可将牛放在运动场内混合,让其互相熟悉认识后合并,减少进入围栏时的争斗。②可以先拴后放。将要合并的牛拴系在一起,一头紧挨一头,4~6小时以后再合并,也可减少争斗。或在围栏内喷同一种药水,使要合并的牛身上都有同一种药味,达到减少争斗的目的。③合并前停食,合并后喂料喂草。在合并围栏前让牛停食4~6小时,在合并围栏后食槽内准备好可口的饲料,使牛忙于采食,也可达到减少争斗的目的。此外,通过在围栏上覆盖线网或竹竿、木板(棍)覆盖物和围栏(一般1.4~1.5米)可以防止牛爬跨。在合群的最初2~3小时,围栏前要设专人管理,发现牛争斗,及时采取措施阻止。

166. 育肥牛饲养为什么需要进行饲槽管理? 怎样进行?

饲槽管理指的是饲料的选择、分送、采食和饲养计划的控制,其目标是确保肉牛随时能采食到营养均衡和充足的日粮,达到最大的干物质采食量（DMI）和最大增重。

育肥牛进入育肥场最初的几天内可以自由采食干草，经过一定阶段低精饲料（20%～40%）的过渡，逐步增加到高精饲料（65%～80%）饲粮。每次调整饲粮精饲料水平需要3～7天的适应期，防止牛消化功能紊乱和瘤胃酸中毒。如果不是自由采食，而是日喂2～3次，则精饲料的转换可采取两种方法，一种可以按顿更换饲料，如第1天第1顿、第2顿饲喂当天饲料，第3顿饲喂第2天的饲料；第2天第1顿、第2顿饲喂当天饲料，第3顿饲喂第3天的饲料；第3天饲喂当天饲料，由此经过3天时间即可实现一次完全的精饲料水平转换。另一种方法是先给牛饲喂适宜精饲料水平（约60%）的起始饲粮，每天逐步替代其中的一部分（如每天10%）为最终的高精饲料（如80%）饲粮。

日粮转换和育肥饲养中，合理的饲槽管理至关重要，日粮转换中应对牛进行一定程度的限饲，以防止其过度采食。同时应密切监控牛的采食量，以便确定牛是否达到预期采食量并保持稳定。一般要求牛净槽时间<3小时，并且需要间歇进行采食激励，以增加其采食量，如晚间12时牛能采食完饲料，那么第2天每头牛的饲料供应量可以增加0.25～0.50千克。但增加饲料后如果有剩余，那么应将饲料供给量重新降回到原水平。如果2～3天后，圈舍中的牛能够采食完新的增量后的饲料量，那么供料量可以尝试再次增加。因此，良好的饲槽管理需要经常进行剩料量的记录。

饲槽管理还需要对以下几个方面进行关注：①加强对饲料混合、投喂等环节的管理，保证饲槽中的饲料与混合机调配的饲料以及日粮配方的饲料尽可能一致；②合理设计全混合日粮（TMR）每天的调配次数，使调配好的饲料在一天中保持新鲜、清洁和安全；③观察牛是否有抢食、挖洞挑食或浪费饲料等行为，平饲槽要保证3～7次的推料次数；④保证3%～5%的剩料，剩料应与采食前构成一致，每天清槽；⑤保证平均每头牛至少有46厘米宽的采食槽位，颈枷式槽位间的距离应约为1米（图8-14），同时饲槽的高度要适宜，料槽底部要比牛站立地面高10～15厘米，采食区域地面最好做硬化处理。

图8-14　凹形饲槽（左）和平饲槽（右）

 育肥牛采食量减少的原因有哪些？如何避免？

造成育肥牛采食量减少的原因有：①育肥结束前采食量减少；②育肥牛生病时采食量减少；③育肥期中途牛厌食时采食量减少；④饲料品质差时采食量减少；⑤饮水量不够时采食量减少；⑥饲喂方法不当（一次喂料过多）时采食量减少；⑦气温高、湿度大时采食量减少；⑧其他因素如疾病、发情等。

生产中可以采取以下措施避免育肥牛采食减少：①提高饲料品质、适口性，合理饲喂精饲料以及酸性较大的粗饲料；②注意日常饲喂与管理，保证牛消化系统健康；③冬季做好保温工作，夏季做好降温工作等。

 育肥牛夏季厌食怎么办？

肉牛在高温高湿的气候条件下，会引起牛不同程度的热应激，往往表现为育肥牛采食不积极、采食量下降、增重缓慢等，随之而来的是日增重的降低、饲料报酬低等，影响育肥牛养殖的经济效益。应对措施有：

（1）适当降低5％左右的营养配额，降低预期日增重。大体型牛的日增重维持在750～850克，小体型牛日增重维持在650～750克。

（2）改变日粮组成。在日粮中增加适口性好的青饲料、青贮饲料、多汁饲料等，或加喂能量较高的全棉籽和蒸汽压片玉米等，提高干物质和能量摄入量。日粮的含水量调整到50％左右。也可改变饲料形状，将粉料变为蒸汽压片饲料或颗粒料。适当增加日粮中的食盐量，促使牛多饮水，也可加喂健胃类药物。

（3）改变饲喂方法。由白天饲喂改为清晨、傍晚、夜间饲喂，饲料现配现喂，不喂剩料，不喂堆积时间过长的饲料，喂料时少给料、勤添料，防止饲槽有剩料。

（4）改善牛舍环境。加强自然通风或强制通风，可以喷水降温或地面泼水降温，总体保证牛舍凉爽、干燥、清洁、安静。运动场加设遮阴棚或遮阳布（图8-15）。

图8-15　夏季常用的遮阴棚

（5）保证饮水充分、清凉、新鲜、充足，促进食物消化和激发食欲。最好自由饮水，无条件时要保证饮水量为喂料量的3～5倍。

（6）减少蚊蝇干扰，保证牛的休息。每天清粪，打扫饲槽、水槽，喷洒杀虫药。

169. 非育肥期如何进行育肥牛采食量的限制以提高饲料转化效率？

非育肥期主要通过限制精饲料采食量的方式来提高饲料转化效率。育肥牛在非育肥期，对饲料能量的要求不高，过多摄入能量浓度较高的精饲料容易造成牛过肥，不利于牛的骨骼和肌肉生长，因此在肉牛非育肥期，要限制精饲料的喂量。肉牛非育肥期一般控制精饲料喂量不超过1千克（按100千克体重计）为宜，而育肥后期精饲料量可达到1.5千克（按100千克体重计）以上。

对于非育肥期肉牛，粗饲料应给足或让其自由采食，以促进牛只消化系统的发育。但不建议喂得过饱，以防止消化障碍和保持其旺盛的食欲。可以对粗饲料进行适度加工以提高其利用效率，如粉碎、揉搓、碱化或青贮等。日粮精粗饲料比宜维持在（30 ～ 40）：（60 ～ 70），粗蛋白质水平在12% ～ 14%，注意补充食盐、钙、磷、维生素和微量元素等满足其骨骼和肌肉发育的需要。换料需要7 ～ 10天的适应期。

牛的圈舍及运动场要做好清洁和消毒，以每头牛占有围栏面积不小于4 ～ 5米^{2}为宜，保证牛只在非育肥期有充足的运动，促进骨骼肌肉生长和具有旺盛的食欲，育肥期之前每隔2 ～ 3个月进行1次驱虫和健胃，定期做好防疫保健工作。要定期对于育肥牛进行称重，把不增重、增重慢或者有病的牛挑出来，并做淘汰处理，减少不必要的饲料消耗。育肥期到来之前对牛按照体重进行分群，保证牛的均一性。

170. 育肥牛如何进行热应激管理？

（1）避免太阳直射 特别中午高温时间段应将牛拴在牛舍内

或阴凉处，若有运动场让牛自由活动，则应在运动场上方搭建遮阳棚。

（2）加强通风换气　通风可带走牛舍及牛体温度，还可降低牛舍内的湿度，让牛舍变得更加凉爽。一定要把门窗打开让空气形成对流，这样才能进行有效的通风，若通风不畅时应考虑安装排风扇加强通风。

（3）安装降温设备　牛舍面积较小的可选择一台冷风机，牛舍面积较大时可选择安装降温水帘，气温较高时打开降温设备，可有效对牛舍进行降温。

（4）进行喷水降温　用喷雾器将水喷到牛体及牛舍内，让水分蒸发带走牛体及牛舍内的热量，从而达到降温的目的。切记喷水降温一定要配合通风。

（5）供应充足饮水　饮水不足很容易使牛出现中暑，有条件的情况下最好24小时不间断饮水，条件不足的情况下应在饲喂后1小时内及中午高温时间段充足供水。饮水中可加入适量维生素C或电解多维，有助于提高牛抗热应激的能力。

（6）增喂青绿饲料　给牛多喂一些青草类饲料，青草中富含维生素，可提高牛抗热应激的能力。

（7）调整饲喂时间　夏季应适当调整饲喂时间，早晨6点之前进行饲喂，下午7点之后进行饲喂，这两个时间段气温较低，有利于牛的采食、消化。

此外，可以在饲粮中添加维生素和中草药抗热应激制剂等饲料添加剂。

171. 育肥牛饲养中的酸中毒问题如何解决？

育肥牛饲养中常由于突然饲喂大量的含碳水化合物的精饲料（如小麦、玉米、黑麦）或长期饲喂酸度高的青贮饲料或块根类饲料（如甜菜、白薯、马铃薯）后，在瘤胃内产生大量的乳酸等有机酸，引起瘤胃酸中毒。饲养中主要通过调整饲料精粗饲料比、实施换料过渡、促进淀粉过瘤胃、增加有效纤维含量和添加瘤胃pH缓冲剂（如小苏打和氧化镁等）来预防酸中毒。若牛发生酸中毒可根据病情进行相应处理。

（1）轻度酸中毒 即病牛采食大量的粉料或者整粒精饲料不久，还没有在瘤胃内发酵或者只有较小部分发酵产生少量的乳酸，此时要尽快使用大量油类泻药，促使瘤胃内的精饲料及时泻下。例如，体重在400千克的病牛，可一次性灌服1.5～2.5升液状石蜡，确保用量充足，不然无法达到泻下和保护胃肠黏膜的目的，耽误治疗。需要注意的是，要使用油类泻药进行泻下，不能使用如硫酸镁、硫酸钠等盐类泻药，这是由于盐类泻药会导致整粒精饲料大量吸水而发生膨胀，导致机体腹胀加重，很难泻下，且能够促进脱水，并加速死亡。

（2）中度酸中毒 即病牛采食大量粉料不久，或者采食精饲料经过较长时间，已经在瘤胃内发酵生成较多的乳酸，此时可采取洗胃疗法，即将大口径胃管伸入瘤胃内，然后灌入5～10升10%石灰水进行多次洗胃，接着灌入1.5～2升液状石蜡用于促进大量乳酸排出，并保护胃肠黏膜；也可使用温水、5%氧化镁溶液或者1%～3%碳酸氢钠溶液进行洗胃。同时，配合静脉注射1～3升生理盐水、1～3升5%葡萄糖溶液、1～3升5%碳酸氢钠溶液、0.5升10%氯化钠溶液、40毫升40%乌洛托品、10～20毫升20%安钠咖。空腹经过12～24小时，再经由胃管注入0.5升健康牛的瘤胃液，调整瘤胃菌群平衡。如果症状严重，可在注入瘤胃液12小时后配合灌服中草药制剂。

（3）重度酸中毒 病牛则必须采取瘤胃切开术，先将瘤胃内容物排空，接着使用温水或者3%碳酸氢钠溶液对瘤胃进行多次洗涤，尽量将乳酸完全洗去；然后向瘤胃内撒布500克硫酸钠和5千克品质优良的干草，并放入适量的健康牛的瘤胃内容物；同时按照中度瘤胃酸中毒采取静脉输液，用于纠正酸中毒，调整电解质平衡，刺激瘤胃蠕动。

172. 育肥牛饲养中的尿结石问题如何解决？

尿结石是由尿石所引起的尿路损伤、出血、炎症和阻塞的疾病。由于育肥牛在饲养过程中精饲料给予过量而粗饲料给予不足，或体内缺乏维生素A，或日粮中钙、磷比例失调，矿物质在膀胱内或肾脏内沉淀，结成小石块，引发尿结石。当牛饮水不足时，使尿浓缩含石灰质过多，也促进了结石形成。另外，公牛尿道长而又有一个S形弯曲，更易发生阻塞。

饲养中主要通过调整饲料和饮水防止尿结石。应防止长期单调饲喂富含无机盐的饲料和饮水；日粮中钙、磷比例应保持在(1.5 ～ 2)：1；饮水充足且符合引用标准（pH 6.5 ～ 8.5，硝酸盐0 ～ 44毫克/升），增喂食盐，补充维生素A或胡萝卜素，饲料中可适当添加氯化铵。

当有可疑尿石时，增喂食盐，迫使病牛大量饮水，给予流质饲料，以溶解小的结石，同时应用利尿剂（如呋喃苯胺酸），排出尿结石，这种方法对治疗不完全阻塞的尿结石病患牛多能获得良好的疗效和治愈率。对膀胱或尿道结石采用前法无效的病牛，可实行手术摘除。

173. 育肥牛日常管理中需要监测的内容有哪些？

育肥牛在入场检验和建档后，日常管理中可进行监测的内容主要包括日粮配方、饲料投喂、免疫、消毒、治疗、转群等多个环节。细化的形式包括养殖记录、疾病和治疗记录、死亡淘汰和出栏记录、兽药使用记录、疫苗使用记录、消毒记录等。对育肥牛整个日常管理的各个环节监测越细致、记录越完整，则牛场的管理效率和效益越有可能得到提高。

近年来，随着电脑和互联网技术的快速发展，奶牛和肉牛的数字化管理技术有了突飞猛进的发展，通过电脑、互联网和监控设施等实现全生产过程的数字化管理，不仅可以提升牛场的数字化管理水平，有效掌控肉牛个体及群体的生产性能，对生产行为做出预判，并最终有助于提高养殖水平及综合生产效率，是未来肉牛养殖的发展方向。

 174. 育肥牛适宜出栏时间如何判定？

育肥牛的出栏时间，应结合其品种、体重、育肥度及市场需求而定。通常公牛以18 ～ 23月龄、体重600 ～ 700千克出栏较为适宜，阉牛以22 ～ 30月龄、体重650 ～ 700千克出栏较为适宜；或者判定肉牛的采食量，当采食量下降到正常量的1/3或更少，则应考虑出栏；也可根据肉牛坐骨端、腹肋部、腰角部等是否有沉积的脂肪以及脂肪的厚薄，来判定其膘情，一般来讲，育肥牛的膘情达到中等或中等以上，即可考虑出栏。

（1）采食量　肉牛对饲料的采食量与其体重相关。一是每日的绝对采食量一般是随着育肥期时间的增加而下降，如果下降到前期采食量的1/3或超过前期采食量但没有显著增重时，可考虑结束育肥；二是如果按活重计算的采食量（干物质）低于活重的1.5%时，可认为达到了育肥的最佳结束期。

（2）育肥度指数　育肥度指数 = 体重/体高 × 100，一般指数越大，育肥度就越好，当指数超过500即可考虑出栏。

（3）体型外貌　当牛的皮下、胸垂部的脂肪量较多，肋腹部、坐骨端、腰角部沉积的脂肪较厚实时，即已达到育肥最佳结束期。

（4）品种　本地黄牛的体重达到500 ～ 600千克，引进品种，如西门塔尔牛、夏洛莱牛、利木赞牛等，体重达到750 ～ 800千克，平均日增重效益低于饲料成本时应尽快出栏。

此外，好的饲养管理方式也能帮助缩短牛出栏时间。若肉牛已经育肥较长的时间，市场上的需求大、价格高时，也可以适时出栏以提高收入。

九、经济效益篇

175. 活牛交易有几种主要方式？未来发展趋势如何？

我国活牛交易主要有三种方式。

（1）自由市场交易　自由市场交易是在交易市场完成，这种交易市场多由当地乡镇政府或私营企业开办，可以提供检疫、资金往来、保险、运输等配套服务，周边活跃着大量的牛经纪人，是目前国内活牛交易的主要方式。交易市场中活牛品种良多，年龄和种类各异，能够满足众多买卖者的交易需求。交易市场的购销对象较为广泛，既包括散养户、繁育场、育肥场和个体屠宰户，也有大型屠宰加工企业等。现阶段，我国已建成一批规模较大、辐射面广、带动力强、规范度高的活牛交易市场。该种交易方式最大的安全隐患来自在市场上进行交易的牛来源杂、染病风险大。

（2）活牛代理服务交易　由专业合作社统一为其社员和临近非社员提供免费或有偿活牛购销服务。这种以合作社为主体的活牛交易服务体系能够有效提升散养户在市场交易谈判中的话语权，保护散养户的经济收益。还有部分牛经纪人改变与散养户直接交易占用大量资金的传统交易形式，转而提供代理服务，为活牛交易的双方牵线搭桥，并从中收取一定的代理服务费。各地大型牲畜交易市场周边往往活跃着大量的专业经纪人，委托代理活牛交易被广泛采纳。

（3）契约交易　一般是肉牛买卖双方签订合同（订单）以形成长期稳定的契约关系，依据约定进行活牛交易。契约主要包括两种形式：一是销售合同，收购企业与养殖户就交易环节、质量标准等进行约定，散养户市场交易与企业牛源都有了保障，相对简便易行，但也容易出现单方违约、活牛体况不达标等现象；二是生产合同，企业与养殖户的合作关系不限于交易环节，还在饲料供应、疾病防控等环节开展相互合作，以形成紧密的利益联结关系，形式相对复杂，耗费成本较高，但对于质量提升和促进收入增加的效果更为明显。

随着信息技术的不断发展，线上交易活牛的现象不断出现。但是，对于活牛这种有生命特征的大型高价值交易标底而言，线上远程交易仍有很大不确定性，交易成本往往较高。故此，面对面线下交易仍是我国活牛交易的主要方式。伴随活牛交易市场、交易机制和诚信机制日益完善，新型活牛交易方式不断涌现、优化和创新，国外盛行的活牛拍卖、活牛期货等交易方式也逐步在我国有所发展。

176. 母牛、架子牛、出栏育肥牛交易过程应注意哪些问题？

（1）价格确定方式　活牛在交易时通常根据不同类型和体况特征确定合理的计价方式。一般而言，繁殖母牛通常按胎次和体况进行单头定价，淘汰母牛和架子牛则通过固定单价结合实测（或估测）活体重定价，出栏肥牛采取固定单价和实测（或估测）活体重方式进行定价。

（2）市场交易价格　持续关注市场动态，及时掌握供求信息，全面了解一定时间内活牛市场价格的峰值和谷底、季节性供需变化以及周期性波动情况，进而降低交易风险，择机进行最优决策，确保经济效益最大化。

（3）活牛体况　充分了解活牛的品种、月龄、体重、体型、体质等特征，以准确判断活牛的健康程度，实现不同体况、性状、用途的合理匹配。

（4）活牛产地的安全性　动态关注近年活牛产地疫情安全状况，重点是疫情种类、流行季节及其可控程度，同时要兼顾当地社会治安和民风等情况。

（5）活牛买卖中的费用　明确交易中的费用种类（主要包括工商费、经纪人费、防疫费、消毒费、场地费等）、收费标准、手续办理及付款方式，并写入合同；重视运输条件、车内设备安全性、运输费用及运输合同，确保运输安全性和责任明确划分。

 177. 肉牛养殖场经济效益评价指标体系包括哪些内容？

养殖场经济效益评价主要包括经营效率、技术效率、获利能力、发展能力以及贡献能力等多项内容。

（1）经营效率评价　经营效率是评价肉牛养殖场经济效益的核心指标，通常包括净利润、出栏率、肉牛单位增重成本、单位增重收益等。

（2）技术效率评价　技术效率是评价肉牛养殖场经济效益的内在指标，主要是通过技术进步贡献率判断养殖场采纳新技术的能力。

（3）获利能力评价　获利能力是评价肉牛养殖场经济效益的核心指标，主要包括成本费用利润率、资产报酬率、饲料报酬指数等。

（4）发展能力评价　发展能力是评价肉牛养殖场经济效益的基础指标，不单局限于当前利润，也通过销售增长率对养殖场未来的获利能力进行评价。

（5）贡献能力评价　贡献能力考量养殖场承担社会责任的情况，如带动农户获利、推动区域肉牛产业发展等是养殖场积攒信誉并获取转移性支付及未来收入的主要体现和依据，也是评价肉牛养殖场经济效益的重要指标之一。

 178. 架子牛和出栏育肥牛的价格倒挂如何影响养殖户的效益？

"价格倒挂"简单来说是指购入架子牛的价格高于出售肥牛的价格，或者价格比例严重失衡，导致肉牛生产经营明显亏损，其可能造成的主要影响有：

（1）育肥牛养殖户利润空间受损 肉牛育肥具有养殖周期较长、占用资金量较大等特点，当架子牛与出栏肥牛之间出现价格倒挂时，育肥牛养殖户寄希望于错过价格倒挂期，要么选择延长育肥周期把原本550千克体重的育肥牛养到650～750千克再出栏，要么对市场逐步失去信心而选择抛售甚或退出，后期饲料转化效率降低，大量集中上市甚至抛售会加剧价格倒挂，影响整个产业持续健康发展。

（2）资金链加速断裂，规模效益受限 实现适度规模经营是养殖户获得更大育肥收益的重要途径，一旦架子牛与出栏肥牛之间出现价格倒挂，贷款机构对养殖户的预期收入进行衡量后将持谨慎紧缩态度，养殖户难以获得生产经营必要的贷款等资金支持，规模维持可能难以为继，甚至不得不抛售止损，其收益情况将受到极大威胁。

（3）冲击母牛养殖环节，产业健康发展受到破坏 后备母牛是肉牛产业健康发展的重要基础，但在价格倒挂和人工饲养成本提高的情况下，部分母牛养殖户会将母犊当作架子牛出售，导致后备母牛严重流失，极大地动摇肉牛产业健康发展的根基。

（4）走私现象频发，挤压散养户生存空间 价格倒挂导致巨大的利益亏空，育肥环节萎缩，部分不法商贩选择走私活牛或牛肉，扰乱国内市场秩序，散养户未形成足够的规模或未结成紧密的利益联结关系，在市场竞争中往往处于不利地位，生存空间堪忧。

179. 什么是肉牛养殖场的隐性成本？

肉牛养殖场的隐性成本是指隐藏于养殖场总成本之中、游离于财务审计监督之外的成本。既包含养殖主体投入自有要素的折旧，也包括由于决策失误、信息失真、员工效率低下等造成的利润损失。

　　部分养殖主体进行成本核算时往往遗漏自有要素这一隐性成本，使得账面养殖效益被高估。当原有土地场房续租、自有机械更新换代、自产饲料断货等情况发生时才发觉养殖成本骤增，这是忽视隐性成本的典型后果。隐性成本同时表现为牧场主决策失误，如买卖失利（牛种选择失误、行情预测失准等）、养殖密度过大、盲目扩张、消极防疫等，或是养殖场的员工失职、效率低下等导致的利润流失，甚至大规模疫病发生。隐性成本的疏忽遗漏常伴随着经营年限增长而逐步暴露或突然爆发，如果不加重视可能会导致养殖场破产倒闭。

180. 如何预估肉牛养殖场的经营风险？

　　预估肉牛养殖场经营风险，需要综合考察肉牛来源、养殖密度、养殖周期、饲料结构、疫病风险、产业优势、资本装备、技术水平和区域差异等因素，这些因素均会影响肉牛养殖的成本、产量以及利润。

　　（1）肉牛来源　肉牛来源是影响健康状况和育肥效果、决定养殖成败的关键因素，购入健康状况较差的肉牛加以饲养，如果管理不当，不仅影响正常生产性能，还很可能加大疫病传播的危险。

　　（2）养殖密度和养殖周期　适当提高养殖密度有利于降低平均成本，但密度过高也可能导致平均利润出现负增长。现阶段，大多数肉牛养殖场的养殖周期控制并不理想，加强养殖周期管理可以在一定程度上提高肉牛养殖的单位利润。

　　（3）饲料结构　合理搭配饲料可以提升肉牛生产性能，降低疫病风险。部分肉牛养殖场存在饲料结构失调、精饲料比重过大等现象，而肉牛属于草食性家畜，应根据肉牛营养实际需要和市场对牛肉产品的不同质量要求，科学制定饲粮配方，合理调整精粗饲料比重。

　　（4）疫病风险　疫病发生会降低生产性能，增加养殖成本，甚至可能导致企业关停等严重后果。强化疫病防控能力是肉牛养殖企业提高生产经营的基本前提，建立科学合理的疫病防疫体系可以有效规避疾病风险。

（5）技术水平和区位差异　技术水平影响着成本和风险控制水平，高水平的设施设备一定程度上有助于提高技术水平，能有效增强抵抗御市场风险的核心能力。区位差异体现在农区和牧区肉牛的不同经营模式、养殖方式以及市场交易等方面，优势的区域位置往往具有良好的要素购买和肉牛销售渠道，有利于发挥市场优势，规避风险和提高收益。

 181. 农牧交错带地区不同规模繁殖母牛场经营效益如何？

农牧交错带是我国肉牛养殖的重要区域，繁殖母牛养殖以小规模（1～49头）饲养为主，中、大规模（50～499头，500头以上）占比较低。一般来讲，小规模饲养以家庭为单位，中等规模饲养多为家庭农场以及养殖合作社，大规模则以大型合作社、联合社以及龙头企业等为主。现阶段，肉牛养殖场大致可分为繁殖母牛场和专业育肥场两大类，不同规模、类型的养殖主体（场）在经济效益方面存在差异。

示例：以内蒙古地区20头母牛散养户、100头母牛合作社和500头繁殖母牛企业（2020年12月）为例，考察1头成年母牛每年产下1胎犊牛的单日成本和收益情况。

假定：养殖过程无其他副产品产出，母牛每年产1胎，初生犊牛按统一市场价折算（不考虑品种、产地等因素），则养殖收益来源于犊牛出售收入和母牛淘汰育肥收入（此处假设犊牛出生后即卖出，有关育肥相关收益情况参见问题182）。母牛生产成本包括母牛购买成本、饲料投入、人工投入、固定设备折旧、土地租金投入以及水电、兽医、管理费等，具体如表9-1所示。

表9-1　不同规模繁殖母牛场成本收益状况

类别	小规模散养户	中规模合作社	大规模企业
养殖规模（头）	20	100	500
母牛养殖年限（年）	8	8	8
母牛体重（千克）	500	500	500
母牛饲料总费用［元／（天·头）］	8.96	14.18	14.02
粗饲料费用［元/（天·头）］	0	5.70	5.70
精饲料费用［元/（天·头）］	8.96	8.48	8.32
冻精和配种费用［元/（天·头）］	0.68	0.63	0.60
人工费用［元/（天·头）］	0	2.33	2.16
土地费用［元/（天·头）］	0	0.11	0.11
固定折旧费用［元/（天·头）］	0.09	0.46	0.55
水电费［元/（天·头）］	0.40	0.60	1.00
兽医费［元/（天·头）］	0.20	0.18	0.15
管理费［元/（天·头）］	0.10	0.25	0.40
利息［元/（天·头）］	0	0.25	0.40
母牛购置费用（元/头）	12 500	12 500	12 500
单日折价［元/（天·头）］	4.28	4.28	4.28
总成本（元）	14.71	23.27	23.67
繁殖成活率（%）	95	90	86
犊牛数（头）	19	90	430
初生犊牛价格（元/头）	5 700	6 000	6 300
犊牛单日折价［元/（天·头）］	15.62	16.44	17.26
每头母牛产初生犊牛收入（元/天）	14.84	14.79	14.84
淘汰母牛价格［元/（天·头）］	15 500	16 000	16 500
母牛单日折价［元/（天·头）］	5.31	5.48	5.65
牛粪收入［元/（天·头）］	1.00	1.00	1.00
政策补贴［元/（天·头）］	0	5.48	2.74
总收益［元／（天·头）］	21.14	26.75	24.23
利润［元／（天·头）］	6.43	3.48	0.56
利润率（%）	30.43	13.02	2.33

数据核算依据及说明：

①母牛平均体重500千克，日平均干物质采食量10.8千克，风干饲料水分14%计算，则每天风干物采食量12.6千克。

②饲粮按精粗饲料比75%计，其中日采食粗饲料（秸秆、干草、青储等）9.5千克，精饲料（玉米、豆粕等）3.2千克。不同养殖规模的牛场所用粗饲料成本有差异。其中：散养户可自行提供粗饲料，成本记为0（按照经济学核算，自有成本应算入成本，但现实中，农户自有要素的价值难以被发掘，因此自有成本是教养户获得正常利润，可以看作家庭收入的一部分）；合作社少部分粗饲料自行提供，大部分购买，成本0.60元/千克；大规模企业粗饲料则全部购买，成本0.60元/千克。精饲料方面，由于批量供应原因，三类养殖主体的精饲料价格分别为每千克2.70元、2.65元和2.60元。

③冻精和配种费用：按配种妊娠250元计，三种模式分别为每头牛每天0.68元、0.63元和0.60元。

④人工费核算：综合考量雇工工资标准，散养户为家庭用工，成本计为0（同2）；合作社100头牛至少雇工2人，月工资3 500元，则每头牛每天平均2.67元；600头牛的规模企业需要设施设备，并雇佣高级工人5人，考虑企业管理人员摊销，月工资平均6 500元，则每头牛每天平均2.16元。

⑤土地费用核算：按照每667米^{2}土地租金500元/年、每头母牛占地55 米^2、每667米^{2}土地承载12头母牛计算，三种模式下农民为自有土地成本计为0（同2）；合作社和规模企业每头牛每天平均为0.11元。

⑥固定资产折旧：在养殖设施设备固定投入方面，企业采纳的科学养殖设备现代化程度高，因此固定资产投入的折旧较高；养殖户设施设备相对简易，折旧较少；合作社介于二者之间，三种模式固定资产投入分别按照20万元、50万元和300万元计，使用年限为30年，则每头牛每天平均分别为0.09元、0.46元和0.55元。

⑦水电费：水电费用标准，企业价格与用量均高于养殖户，因此总价高于养殖户，合作社介于二者之间，三种模式下每头牛每天平均分别为0.40元、0.60元和1.00元。

⑧兽医费：企业有完整的兽医体系，疾病防控服务内部化，费用低于养殖户，合作社介于二者之间，三种模式每头牛每天平均分别为0.2元、0.18元和0.15元。

⑨管理费：企业运营管理费用较高，养殖户几乎不存在管理费用，合作社介于二者之间。

⑩财务费用：企业借贷投资较多，利息等财务费用较高，合作社次之，养殖户没有。三种模式每头牛每天平均分别为0元，0.25元和0.40元。

⑪母牛购置费用：按照同等价格核算（不考虑品种、月龄、体重等），均为12 500元。

⑫繁殖成活率：精心管护程度养殖户最高，企业最差，合作社介于中间，三种模式分为95%、90%和86%。每头母牛产初生犊牛收入＝犊牛单日折价×繁殖成活率。

⑬初生犊牛价格：企业通过标准化、科学化饲喂，犊牛评级高，市场价格存在优势，三种模式下每头初生犊牛价格分别为5 700元、6 000元和6 300元。

⑭淘汰母牛价格：企业采纳科学化的母牛育肥技术，淘汰牛出栏膘情好，总价格占优势，三种模式每头淘汰母牛价格分别为15 500元、16 000元和16 500元。

⑮牛粪收入：按每头牛每天1.00元计，各种模式相同。

⑯政策性补贴收入：养殖户一般不享受，合作社和企业分别按每年30万元和50万元计，三种模式每天每头牛平均分别为0元、5.48元和2.74元。

⑰利润率：利用未保存两位小数的原始数据计算得出。

由繁殖母牛场统计数据可以看出，小规模养殖户在养殖实际收入（总收益－总成本，含正常利润）上优于中等规模和大规模的养殖主体，原因在于散养户在粗饲料、人工及土地等方面为自有投入，往往不计算或以较低标准计算成本，同时精细化管理下繁殖成活率高，适合母牛养殖。分析发现，农牧交错带地区小型养殖户每天每头繁殖母牛可获利6.43元，利润率达到30.43%；中等规模的母牛养殖合作社，在获得政府资助条件下，每头牛每天利润为3.48元，利润率为13.02%；而规模化母牛养殖企业在政府补贴下每头母牛每天获利仅为0.56元，利润率为2.33%。如上测算，大规模饲喂母牛的单头经济效益远低于中小规模。

182. 农牧交错带地区不同规模育肥牛场的经营效益如何？

专业化肉牛育肥场的运营相对简单，即购入犊牛或架子牛，通过专业化饲喂育肥后出栏销售，赚取育肥环节利润。相对于繁殖母牛场，专业育肥周转时间短、见效快、饲料消耗量大，现阶段呈现由牧区、半牧区（农牧交错地区）向农区转移的趋势，同时专业育肥场规模普遍高于繁殖母牛场，其经济效益相对较高。

沿用上述问题181的逻辑框架，分析不同规模育肥养殖场的经济收益情况，选取20头散养户、100头合作社、500头企业作为小、中、大规模养殖主体的代表。假设购入体重350千克架子牛，通过专业化育肥饲养，增重至体重620～650千克出售，则养殖成本包括架子牛（犊牛）购入、饲料投入、人工投入、固定设备折旧、土地投入等费用以及水电、兽医、管理费等，收益为出栏肥牛和牛粪等收入，具体数据如表9-2所示。

表9-2　不同规模肉牛育肥场的成本收益状况分析

类别	小规模散养户	中规模合作社	大规模企业
养殖规模（头）	20	100	500
育肥时间（天）	200	200	200
架子牛购入重量(千克)	350	350	350
架子牛购置费用（元/头）	14 800	14 800	14 800
单日折价［元/（天·头）］	74.00	74.00	74.00
饲料总花费［元/（天·头）］	22.12	22.50	22.10
粗饲料费用［元/（天·头）］	0	1.56	1.56
精饲料费用［元/（天·头）］	22.12	20.94	20.54
人工费用［元/（天·头）］	0	1.16	1.81
土地费用［元/（天·头）］	0	0.06	0.06
固定折旧费用［元/（天·头）］	0.09	0.46	0.55
水电费［元/（天·头）］	0.40	0.60	1.00
兽医费［元/（天·头）］	0.20	0.18	0.15
管理费［元/（天·头）］	0.10	0.25	0.50
银行利息［元/（天·头）］	0	0.20	0.45
总成本（元）	96.91	99.41	100.62
日增重（千克）	1.35	1.40	1.45
出栏牛重量（千克）	620.00	630.00	640.00
成活率（%）	95	96	97
每千克体重售价（元）	37	37.5	38
出栏牛价格（元/头）	21 793.00	22 680.00	23 590.40
单日折价［元/（天·头）］	108.97	113.40	117.95
牛粪收入［元/（天·头）］	1.00	1.00	1.00
总收益［元/（天·头）］	109.97	114.40	118.95
利润［元／（天·头）］	13.06	14.99	18.33
利润率（%）	11.87	13.10	15.41

数据核算依据及说明：

①按大体型公牛营养需要量标准，绝食体重350千克、日增重为1.50千克时干物质采食量为9.00千克，折合含水量为14%的风干物为10.50千克，为实现1.50千克日增重，饲粮精饲料水平前期为60%，后期为85%，平均为75%、7.90千克；粗饲料占25%，2.60千克。

②不同养殖规模牛场所用粗饲料成本有差异，其中散养户自行提供粗饲料，成本为0元（同前），合作社少部分粗饲料自行提供，大部分购买，成本为0.60元/千克，大规模企业粗饲料则全部购买，成本0.60元/千克；精饲料方面，由于批量供应原因，三类养殖主体的精饲料价格分别为每千克2.80元、2.65元和2.60元。

③人工费核算：综合考量雇工工资标准，散户劳动力投入来自家庭用工，成本为0元（同前）；合作社100头牛至少雇工1人，月工资3 500元，则每头牛每天平均1.33元；500头牛的规模企业需要设施设备，并雇佣高级工人5人，考虑企业的管理人员摊销，月工资平均6 500元，则每头牛每天平均1.81元。

④土地费用核算：按照667米²土地租金500元/年，每头育肥牛占地30米²，每667米²土地承载22头进行核算，三种模式下农民为自有土地，成本为0元（同前）；合作社和规模企业每头牛每天平均为0.06元。

⑤固定资产折旧：在养殖设施设备固定投入方面，企业采纳的科学养殖设备程度高，因此投入折旧较高，养殖户设施设备相对简易，固定投入折旧较少，合作社介于二者之间，三种模式固定投入按照20万、50万和300万元计算，使用年限为30年，则每头牛每天平均分别为0.09元、0.46元和0.55元。

⑥水电费：水电费用企业用价用量均高于养殖户，因此总价高于养殖户，合作社介于二者之间，三种模式每头牛每天平均分别为0.40元、0.60元和1.00元。

⑦兽医费：企业有完整的兽医体系，疾病防控服务内部化，费用低于养殖户，合作社介于二者之间，三种模式每头牛每天平均分别为0.20元、0.18元和0.15元。

⑧管理费：企业运营管理费用较高，养殖户几乎不存在管理费用，合作社介于二者之间，三种模式每头牛每天平均分别为0.10元、0.25元和0.50元。

⑨利息费用：企业借贷投资较多，利益费用较高，合作社次之、养殖户没有，三种模式每头牛每天平均分别为0元、0.20元和0.45元。

⑩牛的日增重和出栏体重：三种模式的日增重分别按1.35千克、1.40千克和1.45千克计算，出栏牛重量分别达到620千克、630千克和640千克，育肥期间成活率分别为95%、96%和97%。

⑪架子牛购置费用：按照同等价格核算（不考虑品种、月龄、体重等），均为350千克，14 800元。

⑫牛粪收入：按每头牛每天1.00元计，各种模式相同。

⑬出栏牛价格＝出栏牛体重×每千克体重售价×成活率。

⑭利润率：利用未保存两位小数的原始数据计算得出。

分析发现，企业大规模育肥的单头利润率优于中等规模和小规模育肥，大规模企业、中规模合作社、小规模养殖户养殖利润率分别为15.41%、13.10%和11.87%，这印证了适度规模经营能够提高育肥养殖经济效益的论断。考虑我国肉牛产业发展实际（小规模养殖户占养殖主体总数的绝对多数），通过产业组织模式优化实现小规模农户与大中规模养殖场的互联互通，进而普及标准化养殖技术和科学化管理体系，既能提高散养户经济效益，也能有效推动肉牛产业转型升级向优发展。

 183. 农牧交错带地区农牧民养殖繁育母牛的盈亏平衡点如何？

肉牛养殖盈亏平衡点是指生产经营主体在某一养殖规模下的全部销售收入等于全部成本，也是恰好实现收入与支出的均衡点，明晰盈亏平衡点有利于养殖主体合理安排生产活动，以获取更大的经营收益和利润。具体来说，假设市场价格不变，养殖主体有两条途径提高收益：①通过扩大或缩小生产规模，探寻平均生产成本（单头牛）最低点时的养殖数量，进而最小化单位生产成本；②采取标准化养殖技术，使同等规模下单头牛的生产成本下降，攫取更大的利润。

农牧交错带饲草料资源有限，养殖繁殖母牛既不会像育肥养殖那样消耗大量饲草料资源，又能够充分发挥牧区养殖的优势。在繁殖母牛场的生产决策中，首先要明晰向市场提供初生犊牛、架子牛或出栏牛将对应不同的生产成本曲线；其次应深入分析养殖成本与产出情况，基于盈亏平衡点找到养殖的单位最低生产成本点，以做出最优决策；还要采纳合适的养殖技术，降低整体养殖成本投入，实现经济效益提升。

184. 如何分析农牧交错带地区农牧民育肥牛养殖盈亏平衡点？

延续问题183的逻辑框架，对育肥场养殖盈亏平衡点进行分析。近几年，受环境保护和饲草资源锐减等的影响，牧区、农牧交错区育肥场呈现递减趋势，育肥产业向南、向农区迁移。育肥场的生产过程较为简便，投入产出核算更为明了（产出即为出栏牛收益，投入则为固定投入、饲草、人工、土地、管理等），在盈亏平衡分析中同样需要注意三点：①选择合适的肉牛生长阶段进行育肥，肉牛各生长阶段的育肥条件不同，对应的生产成本曲线也有差异，生产主体应合理确定入栏和出栏重量进而选择最优生产成本曲线；②确定生产最佳点，即找到生产成本最低时的产出点；③扩大采用先进技术，降低整体养殖成本。另外，农牧交错区开展肉牛育肥养殖成本投入较高，要充分对比育肥养殖与繁育养殖孰优孰劣，进而做出最适宜的养殖决策。

曹兵海, 2019. 2019年肉牛牦牛产业发展趋势与建议 [J]. 饲料工业, 40(04):1-7.

曹兵海，张越杰，李俊雅，等, 2018. 2017年肉牛产业发展情况、未来发展趋势及建议 [J]. 中国畜牧杂志, 54(03):138-144.

崔姹，杨春，王明利, 2017. 当前我国肉牛业发展形势分析及未来展望 [J]. 中国畜牧杂志 (9):154-157.

郝丹，王云，姜静，等, 2015. 规模化"自繁自育"型育肥牛场的发展与管理 [J]. 中国牛业科学, 41(3):52-54.

黄亚宇，司如，陈晓波主译, 2013. 牛、绵羊和山羊饲养精要:动物营养需要与饲料营养成分表 [M]. 北京:中国农业大学出版社.

姜成钢，张辉主译, 2006. 畜禽饲料与饲养学 [M]. 第5版. 北京：中国农业大学出版社.

蒋洪茂, 2017. 肉牛最新育肥技术300问 [M]. 北京：中国农业出版社.

焦万洪，李莉, 2016. 浅谈家畜的热调节 [J]. 中国畜禽种业, 12(01):79.

李静, 2014. 肉牛常见传染病与寄生虫病及其防治 [J]. 养殖技术顾问 (11):233.

李明菊, 2020. 牛黑腿病的诊断及防控措施 [J]. 当代畜禽养殖业 (06):33.

刘月琴，张英杰, 2004. 肉牛舍饲技术指南 [M]. 北京：中国农业大学出版社.

孟庆祥主译, 2012. 肉牛生产与经营决策 [M]. 北京:中国农业大学出版社.

孟庆翔，周振明，吴浩主译, 2018. 肉牛营养需要（第8次修订版）[M]. 北京：科学出版社.

莫放，李强, 2011. 繁殖母牛饲养管理技术 [M]. 北京：中国农业大学出版社.

莫放，李强，赵德兵, 2012. 肉牛育肥生产技术与管理 [M]. 北京：中国农业大学出版社.

宋以才, 2020. 肉牛高效养殖技术 [J].吉林畜牧兽医, 41(02):75-76.

孙琦，崔修军, 2013. 新生犊牛常见病的防治措施 [J].吉林农业 (03):234.

唐华友, 2016. 养殖场生物安全管理措施 [J]. 湖北畜牧兽医, 37(03):44-45.

王文, 陈平, 叶朗惠, 2020. 山地草牧业发展思路探讨 [J]. 中国畜牧业 (03):33-36.

许尚忠, 魏伍, 2002. 肉牛高效生产实用技术 [M]. 北京：中国农业出版社.

杨效民, 2009. 肉牛标准化生产技术彩色图示 [M]. 太原：山西经济出版社.

杨效民, 2011 种草养牛技术手册 [M]. 北京：金盾出版社.

杨效民, 2017. 种草养肉牛实用技术问答 [M]. 北京：中国科学技术出版社.

杨效民, 李军, 2008. 牛病类症鉴别与防治 [M]. 太原：山西科学技术出版社.

杨泽霖, 尹晓飞, 李存福, 2011. 关于我国肉牛生产模式的发展潜力与对策 [J]. 中国畜牧杂志, 47(20):23-26.

昝林森, 2007. 牛生产学 [M]. 北京：中国农业出版社.

张越杰, 田露, 2010. 中国肉牛生产区域布局变动及其影响因素分析 [J]. 中国畜牧杂志, 46(12):21-24.

左万庆, 王玉辉, 王风玉, 等, 2009. 围栏封育措施对退化羊草草原植物群落特征影响研究 [J]. 草业学报 (3): 12-19.

A L Eller Jr, 1991. Beef Cow-Calf Management Guide[M]. Virginia Cooperative Extension Service.

C B Bailey, 1978. Composition of kidney and bladder calculi from cattle on a diet known to cause formation of siliceous urinary calculi[J]. Canadian Veterinary Journal La Revue Veterinaire Canadienne, 58(3):513-515.

C Greg, 1998. Selection for Productive Pastures [M]. In Proc. 1998 Minnesota Beef Cow/Calf Report.

D E Anderson, 1960. Studies on bovine ocular squamous carcinoma（"Cancer Eye"）V. Genetic aspects[J]. Heredity, 51(2):51-58.

G James, B James, P Peterson, 1986. Impact of Grazing Cattle on Distribution of Soil Minerals [M]. In Proc. 1995 National Forage & Grassland Council.

Kevin Blanchet, Howard Moechnig, et al, 2000. Grazing Systems Planning Guide [M]. University Of Minnesota Extension Service.

Lee I, Chiba, et al, 2009. Beef Cattle Nutrition and Feeding[M]. Animal Nutrition Handbook, 2nd Edition,USA.

M H Brown, A H Brightman, B W Fenwick, et al, 2010. Infectious bovine keratoconjunctivitis: a review.[J]. Journal of Veterinary Internal Medicine, 12(4):259-266.

T Hovde, B Stommes, L Williams, et al, Improve Your Pasture in Five Easy Steps [M]. University of Minnesota Extension Service and Minnesota Department of Agriculture.

T Marx, 2008. The Beef Cow-calf Manual[M]. Alberta Agriculture and Food Information Packaging Centre.

W Cowan, C Arbuckle, et al, 2017. Pasture Planner：A Guide for Developing your Grazing System[M].West-Central Forage Association,Canada.

W H Ayars, 2006. Breeding soundness exam: Beef bulls：Proceedings, Applied Reproductive Strategies in Beef Cattle October 3 and 4[M]. Rapid City, South Dakota 291.